做事

用专注为成功铺路

陈志宏◎编著

青春励志系列

延边大学出版社

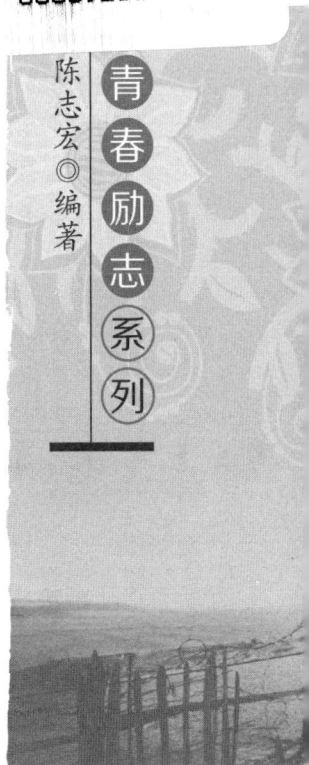

图书在版编目（CIP）数据

做事：用专注为成功铺路/陈志宏编著 . — 延吉：
延边大学出版社，2012.6（2021.10 重印）
（青春励志）
ISBN 978-7-5634-4880-7

Ⅰ . ①做… Ⅱ . ①陈… Ⅲ . ①成功心理－青年读物
Ⅳ . ① B848.4-49

中国版本图书馆 CIP 数据核字（2012）第 115170 号

做事：用专注为成功铺路

编　　著：陈志宏
责任编辑：林景浩
封面设计：映像视觉
出版发行：延边大学出版社
社　　址：吉林省延吉市公园路 977 号　邮编：133002
电　　话：0433-2732435　传真：0433-2732434
网　　址：http://www.ydcbs.com
印　　刷：三河市同力彩印有限公司
开　　本：16K　165 毫米 ×230 毫米
印　　张：12 印张
字　　数：200 千字
版　　次：2012 年 6 月第 1 版
印　　次：2021 年 10 月第 3 次印刷
书　　号：ISBN 978-7-5634-4880-7
定　　价：38.00 元

前 言

文学大师冰心老人说：成功的花，人们只惊美她现时的明艳，然而，当初的芽儿，曾经浸透了奋斗的泪泉，牺牲的血雨，却无人在意。

是的，每一朵成功的花都不是生长在温室中，它的下面都有一株坚实而粗壮的根。这根的精神就是专注，它百折不挠地向着土壤深处扎下去。如果没有这种精神，花儿就不能鲜艳太久，只能像水上浮萍一样，漂荡几天就无影无踪了。只有根部专注地吸收养分，花儿才能越来越婷婷玉立，争奇斗艳。

对于我们每一个渴望成功的人士来说，专注，都是做事最根本的特性。每一位众人眼中的天才，在奋斗过程中都离不开专注的精神。只有专注，才能为日后的成功铺就一条宽广的大道。

本书中，系统地列举了一些古今中外、各行各业的知名人士专注做事的经典案例，详细地分析了他们成功的诸多因素中"专注"所占据的重要性，并全方位地总结了他们获得成功所必需的方法、技巧、策略、经验等内容。

作为正在走向人生最辉煌、最宝贵阶段的青少年，遭遇失败、挫折、

打击等都是平常事。保持昂扬的斗志、专注的精神、不甘退缩的勇气才是我们成才的重要因素。在成才的道路上，这些美好的品德和精神将会助我们一臂之力。

目录

第一篇　心态好，办事才能好

第二篇　通晓人情好办事

第三篇　构筑和谐关系，大力拓展人脉

第四篇　借力使力不费力

第五篇　讲究说话的方式方法

第一篇

心态好，办事才能好

心态往往决定着办事的成败

有这样一个故事。

两个欧洲推销员去非洲一个岛上推销皮鞋。第一个推销员到了那里，发现所有的人都不穿鞋，感到很失望，对自己要完成的任务充满了怀疑：这个岛上的所有人都赤脚，我的鞋肯定推销不出去。这是一个缺乏积极心态的人，于是他放弃了努力，沮丧地回去了。而第二个推销员是一个富有积极心态的人，一看到这种情况，立刻惊喜地叫起来："都没穿鞋——这是个多么大的市场啊！"于是他想方设法地推销，终于赚到了大钱。就这一念之差，最终导致了完全不同的结果。同样面对非洲的市场，只因为观念和心态上的不同，一个失望地回去，不战而败；另一个却充满信心，圆满而归。

办事时，学会运用积极心态，就可以改善自己，促使办事成功。

众所周知，香港富豪李嘉诚就是一个心态积极的人，他在困难面前从不屈服，最终干出一番大事。

1946年，李嘉诚17岁，开始了自己创业。结果他屡遭失败，几次陷入困境。但这个时候，他仍然保持冷静，踏踏实实地一步一步往前走。

1950年夏，年仅22岁的李嘉诚创立了长江塑胶厂。

李嘉诚的成功之路，也不是一帆风顺的，其间也有过艰难曲折的经历。

正当李嘉诚在塑胶花生产中春风得意之时，突然遇到了意想不到的风浪。一家客户宣布他的塑胶制品质量粗劣，要求退货。李嘉诚始终保持着积极的心态，承认质量有问题。他知道自己太急躁了，在经营决策上一味贪大，追求数量，而忽视了质量问题。

推销员带回客户的反馈，令李嘉诚不寒而栗——客户拒收产品，还要长江厂赔偿损失。

客户都是中间商，他们或将产品批发给零售商，或出口给海外的经销商。塑胶制品早已过了"皇帝女儿不愁嫁"的好年景，用户对制品的款式质量变得挑剔起来。塑胶工厂日益增多，竞争自然日益激烈。竞争的法则是优胜劣汰，粗劣的产品必然会被逐出市场。

危机之中的李嘉诚，真正体会到做老板的难处。他曾做过塑胶裤带公司总经理，全盘掌管日常事务，可重大决策仍是老板拍板。现在身为一业之主，就要承担一切风险。

李嘉诚又一次陷于人生的大磨难中。这之前，他经历的磨难是不可抗拒的天灾人祸；这一次，却是他自己的失误造成的。对熬出头的人来说，磨难大有裨益，可磨难也可能将一个人彻底摧毁。

仓库里堆满因质量欠佳和延误交货期退回的玩具成品，这些客户纷纷上门索赔，还有一些新客户上门考察生产规模和产品质量，见到这种情形扭头就走。客户是企业的衣食父母，李嘉诚急得如热锅中的蚂蚁。业内人常说："不怕没生意做，就怕做断生意。"长江厂正处于后一种情景。

产品积压，没有进账，原料商仍按契约上门催交原料货款。李嘉诚上哪去弄这笔钱？他被逼急了，就说："我实在拿不出钱，你们把我人带走吧。"

原料商笑道："你想得美！我们要你干什么？我们要的是钱！"

原料商扬言要停止供应原料，并要到同业中宣扬李嘉诚"赖货款的丑闻"。这又是一道杀手锏。

墙倒众人推。当银行得知长江厂陷入危机，派职员来催还贷款。被弄得焦头烂额、痛苦不堪的李嘉诚不得不赔笑接待，他恳求银行放宽限期。银行掌握企业的生杀大权，长江厂面临遭清盘的边缘。

长江厂只剩下半数产品尚未出现质量问题，开工不足，不得不裁减员工。部分被裁员工的家属上门哭闹，有的赖在办公室不走，车间和厂部没有片刻安宁。留下的员工人心惶惶，为长江厂的前途，更为自己的生计忧心忡忡。

在这种情况下，没有一个积极的心态是不行的。于是，李嘉诚亲自到一家客户公司上门道歉，该经理很不好意思，承认他的莽撞。该经理说李嘉诚是可交往的生意朋友，希望能继续合作，他还为"长江"厂摆脱困境出谋划策。

李嘉诚的"负荆拜访"，达到初步目的，他却不敢松一口气，银行、原料商和客户，只给了他十分有限的回旋余地，事态仍很严峻。

李嘉诚如初做"行街仔"那样到市区推销，将积压产品全部以极低的价格，卖给专营旧货次品的批发商，将收到的货款，分头偿还了一部分债务。

在危机之中，原来的一些亲戚朋友，有的对李嘉诚敬而远之，生怕他开口借钱或带来麻烦；有的来电话，或主动上门，安慰激励李嘉诚，尽力帮助他。

危难见人心。李嘉诚正是靠那些真诚的亲友，获得新订单，筹到购买原料、添置新机器的资金。被裁减员工，又回来上班，李嘉诚还补发了员工离厂阶段的工薪。

李嘉诚又二次拜访银行、原料商和客户，寻求进一步谅解，商议共渡难关的对策。长江塑胶厂出现转机，产销渐入佳境。

可想而知，李嘉诚为平息这场人为的灾难付出了多少努力，要是他没有一个积极心态，恐怕早就挺不住了。

李嘉诚就是凭借这种良好的心态，攻克了事业道路上的一个个难关，最终创造了富可敌国的财富神话，成就了大事业。

人生感悟

只有具有积极心态的人，才能客观地分析形势，才能在错综复杂中找到办事的关键点。任何时候，我们都需要保持积极的心态，不为外面的纷繁复杂干扰，不为琐事缠绕，才能透过现象看本质，找到办事成功的出路。

挑战自己的弱点

美国有位叫凯丝·戴莱的女士，她有一副好嗓子，一心想当歌星，遗憾的是她嘴巴太大，还有龅牙。她初次上台演唱时，努力用上嘴唇掩盖龅牙，自以为那是很有魅力的表情，殊不知却给别人留下滑稽可笑的感觉。有一位男听众很直率地告诉她："暴齿不必掩藏，你应该尽情地张开嘴巴，观众看到你真实大方的表情，相信一定会喜欢你的。也许你所介意的龅牙，会为你带来好运呢！"

一个歌唱演员在大庭广众之下暴露自己的缺陷，首先是要用理智说服自己，还要有勇气打败自己。凯丝·戴莱接受了这位男听众的忠告，不再

为暴齿而烦恼，她尽情地张开嘴巴，发挥自己的潜能特长，终于成为美国影视界的大明星。

世界著名的游泳健将弗洛伦丝·查德威克，一次从卡得林耶岛游向加利福尼亚海湾，在海水中泡了16小时，只剩下一海里时，她看见前面大雾茫茫，潜意识发出了"何时才能游到彼岸"的信号，她顿时浑身困乏，失去了信心。于是她被拉上小艇休息，失去了一次创造纪录的机会。事后，弗洛伦丝·查德威克才知道，她已经快要登上了成功的彼岸，阻碍她成功的不是大雾，而是她内心的疑惑。是她自己在大雾挡住视线之后，对创造新的纪录失去了信心，然后才被大雾所俘虏。过了两个多月，弗洛伦丝·查德威克又一次重游加利福尼亚海湾，游到最后，她不停地对自己说："离彼岸越来越近了！"潜意识发出了"我这次一定能打破纪录！"的信号，她顿时浑身来劲，最后弗洛伦丝·查德威克终于实现了目标。

人生感悟

挑战自己的弱点，在不断进步中，你将游刃有余。

摆脱依赖心理

人格要独立，心理也讲究独立。依赖心理是一个人前进的绊脚石，自力更生才是个人发展最大的动力。我们先来看看名人自立的经历吧。

牛根生是幸运的，但又是不幸的。牛根生是个苦孩子。出生不久，因为家穷，父母便以50元的价格，把他卖给了一个牛姓人家，牛姓父亲的职业是养牛。从此，他便与牛结下了不解之缘。1978年，20岁的牛根生来到内蒙古最大的乳品公司——伊利，从一名洗瓶工一直做到二把手，其间他没有依赖任何人。

1999年，事业蒸蒸日上的他遭到董事会免职。41岁的牛根生迎来了人生的"困惑之年"。经过激烈的思想斗争后，牛根生决定重操旧业。回忆创业的艰难，牛根生不无感慨。当时蒙牛面临的是"三无状态"：一无奶源；二无工厂；三无市场。什么都没有，怎么办？他想到了借贷，但是找谁去借钱呢？别人有钱也不敢借给他呀，如今他是白手起家，谁能保证他的

经营能一帆风顺呢？最终，牛根生决定自力更生，艰苦创业。他创造性地提出了"先建市场，后建工厂"的战略。缺钱就先建立市场，有了市场，有了产品，再开工厂。就这样，他带领员工大干起来。在此期间，他的团队盘活7.8亿元资产，使自治区内外的8个奶企走出濒临破产的窘境，同时也使一大批员工摆脱了下岗失业的命运。牛根生的举动得到了群众的支持，他看到了希望。

在企业经营方面，牛根生信奉的理念是"小胜凭智，大胜靠德"。他解释说："股东投资求回报，银行注入图利息，员工参与为收入，合作伙伴需赚钱，父老乡亲盼收益。只有消费者、股东、银行、员工、社会、合作伙伴六者的'均衡收益'，才是真正意义的'可持续收益'；只有与大众命运关联的事业，才是真正'可持续的事业'。"6年间，蒙牛让西部不少县市的奶牛头数增加了10倍。这片土地上传诵着这样的民谣："一家一户一头牛，老婆孩子热炕头；一家一户两头牛，生活吃穿不用愁；一家一户三头牛，三年五年盖洋楼；一家一户一群牛，比蒙牛的老牛还要牛。"后来牛根生信奉另外一句话：先靠自己，后靠大家，没有自己的努力，别人也不会帮你。

新东方校长俞敏洪，于1993年11月创办了北京市新东方学校，担任校长，从最初的几十个学生开始了新东方的创业过程。截止到2000年，新东方学校已经占据了北京约80%、全国50%的出国培训市场，年培训学生数量达20万人次。他的创业经历可谓充满了酸甜苦辣，开始做培训宣传，没钱，他就夜半三更地提着糨糊走街串巷地贴小广告，因为白天有城管。开始他们租赁的教室很狭窄，教学设施更是简陋不堪。在这种条件下，俞敏洪并没有退缩，也没有求任何人，而是埋头苦干，靠着他认真钻研，终于研究出一套一流的教学法，学员很欢迎，教学效果很明显。逐渐地，新东方的学员多了，条件好了，规模扩大了，这都是他努力苦干的结果。用他的话说："做事不能靠别人，要靠自己，任何时候依赖心理都会缩减一个人的斗志。"

依赖心理是个人发展的蛀虫，现代著名教育家陶行知先生有几句话说得很好："流自己汗，吃自己饭，自己的事业自己干，靠天靠人靠祖上，不算是好汉。"求人不如求己；自助者，天助之；自己帮不了自己，别人更不愿帮你。做一个成功的不倒翁，我们要从"独立"做起！

其实，依赖心理是缺乏勇气的表现，自力更生才能彻底改变不景气的现状。市场不景气的情况下，最容易产生依赖心理，有时明明自己有能力

做好的，也要将希望寄托于别人，在别人的帮助下才能克服困难。其实这是对自身能力的否定，一旦有了依赖心理，就失去了自信的勇气。

一位有志气的女青年，曾在金融危机中失业了，靠男友生活，连买手纸的钱都要男友付。后来男友对她有了看法，觉得自己养个又馋又懒的女友，将来对自己的事业肯定不利，不如趁早分手。于是男友提出与她分手，开始她不能接受，还伤心了好几天，后来突然想通了，是男友嫌弃自己依赖性太强，离了男友就活不了。她暗下决心，一定要干出个样子来，让男友刮目相看。后来她找到了工作，学会了攒钱，在最艰难的时期也没有向朋友借一分钱，只向老爸要过一次钱。半年后她做了电脑销售，成绩斐然，每月都往家里寄钱。一次男友又遇见了她，见她手提笔记本，职业着装，长发飘飘，神采飞扬，那气质与半年前判若两人。男友有些心动，再次向她提出结合，她却淡淡一笑："我自己过得很好，独立的生活使我摆脱了依靠，祝你好运。"

许多女性都有依赖男方的习惯，其实能力的增强是在独立中提升的，只要我们敢于独立，自然就能激发自身的许多潜能。不仅工作如此，生活、感情、交际等，都是如此，一旦你鼓起独立的勇气，你就会发现自己的能力并不比别人差，别人能做到的，自己也能做到。以前做得不好，是因为你自己依赖性太强了。

人生感悟

有的人工作是朋友安排的，对象是家人确认的，生活是恋人支配的，不管是否满意，都要听从他人，如此缺少自主的人生，很难有大作为。而当你内心竖立为自力更生的信念，就会消除任何依赖的念头，施展自己最大的潜力。

能够承受压力

一个人要想做成自己的事，必须面临竞争压力的考验，因为这是一个竞争的社会，无论在竞争中获得成功还是遭受失败，人人都要承受压力。

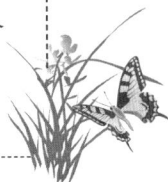

现实生活之中，谁也逃脱不了这种压力。欲成大事者，因目标高远，压力可能会更大。但若欲成大事，就必须能承受这种压力，把压力当成推进人生的动力。这就是说，压力最能反映你做事能力的强弱。我们可以把这种成事之道归结为"推动法"。

林肯在进入美国政坛之前，不过是小镇上一个微不足道的律师。在他最初争取国会议员候选人提名时，他的政敌因他不属于任何教会而指责他为异教徒，又因为他与高傲的陶德和爱德华家庭联姻而骂他是财阀和贵族的工具。这些罪名尽管可笑，却足以给林肯的前途带来伤害。结果，林肯落选了。这是他政治生涯中所遭遇的第一次逆流。

两年后，林肯和许多自由党人一起，在国会中大胆发言，谴责总统发动一起"掠夺和谋杀的战争，抢劫和不光荣的战争"，宣布上帝已"忘了照顾无辜的弱者，容许凶手、强盗和来自地狱的恶魔肆意屠杀男人、女人和小孩，使这块正义之土饱受摧残"。

林肯是个默默无闻的议员，政府对这篇演说置之不理，可是它在春田镇却掀起了一阵飓风。伊利诺伊州有6000人从军，他们相信自己是为神圣的自由而战。如今，他们选出的代表竟在国会中说这些军人是地狱来的恶魔，是凶手。激愤的军人公开集会，指责林肯卑贱、怯懦、不顾廉耻。

聚会时，大家一致决议，宣称他们从未见过"林肯所做的这些丢脸的事"，"对勇敢的生还者和光荣的殉国者滥施恶名只会激起每一位正直的伊利诺伊人的愤慨。"

这股恨意郁积了十几年，直到13年后，林肯当选为总统时，还有人使用这些话来攻击他。

林肯对合伙的律师说："我等于是政治自杀。"此刻，他怕返乡面对选民。他想谋求"土地局委员"之职以便留在华盛顿，却未能成功；他想叫人提名他为"俄勒冈州州长"，指望在该州加入联邦时可以成为首任参议员，不过这件事也失败了。

于是他又回到了春田镇那间脏兮兮的律师事务所，再度将爱驹"老公鹿"套在摇摇欲坠的小车前头，驾车巡回第八司法区。

荷恩敦在《林肯传》中说：

"我们住乡下小客栈时，通常都共睡一张床。床铺总是短得不适合林肯的身长，因此他的脚就悬在床尾板外头，露出了一小截胫骨。即使如此，他仍然把蜡烛放在床头的一张椅子上，连续看好几个钟头书。我和同室的

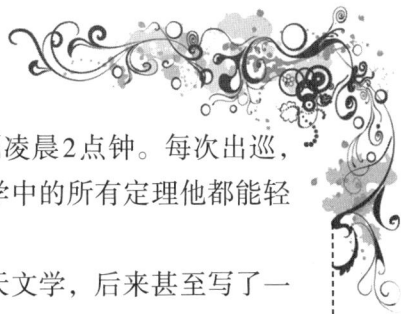

另外几个人早就睡熟了，他还以这种姿势苦读到凌晨2点钟。每次出巡，他都这样手不释卷地研究。后来，6册欧氏几何学中的所有定理他都能轻轻松松地加以证明。"

"几何学读通之后，他研究代数，接着又读天文学，后来甚至写了一篇谈语言发展的演讲稿。不过，他最感兴趣的仍是莎翁名作。他养成的文学嗜好依然存在。"

度过辛酸的6年之后，突然发生了一件事，改变了林肯一生的方向，也使他开始往"白宫"出发。

的确，假如林肯面对暂时的挫折、失败就不再前行，不再奋斗，那么他只能是一个微不足道的小律师，而不可能成为美国历史上伟大的总统。

奇迹多是在厄运中出现的。许多事在顺利的情况下做不成，而在受挫折后，在经受悲痛的"浸染"后，却能做得更完美、更理想。压力能使人产生奇异的力量。

人们最出色的工作往往是在处于逆境的情况下完成的。思想上的压力，甚至肉体上的痛苦都可能成为精神的兴奋剂。

压力，为人创造了值得思考琢磨的机会，使人尽快成熟起来。木以绳直，金以淬刚。

世上成大事的人无不是经过艰苦磨炼的。艰难的环境一般是会使人沉没下去的，但是在试图成大事的人眼里，困难终会被克服，这就是所谓"艰难困苦，玉成于琢"，即经过艰辛的雕琢，玉可成器。

人生感悟

压力，能使成大事者在思想感情上受到多方撞击，从中感悟人生的真谛，自觉把握人生的方向。人要有所为就要有所不为。该做的一定要做好，不该做的坚决不做。人要有所得，就要有所失。该失去的东西就要毫不吝啬，甚至忍痛割爱。得到并不一定就值得庆幸，失去也不完全是坏事情。能否从容对待、恰当地处理这些问题，就看你的成事之道了。相反，人若是太幸运了，缺乏压力，就会沉于懒惰，而不知挑战人生的意义和快乐。对于那些善于成事的大师而言，他们不惧怕压力，因为压力会降临在每个人的头上；相反，他们更喜欢"压力推动法"，在压力中做大人生局面。

相信自己，不怕困难

日本著名营销大师原一平的事迹就是很好的证明。原一平年轻的时候曾经在一家米店半工半读，他刻苦勤奋，白天工作，晚上学习，在这里学到了很多知识。和很多人一样，米店老板特别讨厌推销员，对保险业务更是深恶痛绝，为此还特别做了一个牌匾，上面写着这样的字：

平生绝不做保人

勿理寿险推销员

勤劳节俭必成功

切记万事勿大意

并以此作为店训，原一平在这里工作的时候深受熏陶，这些字自然也牢记在心。然而有些事情就是这么偶然，他怎么也没想到自己有一天会成为一个推销员，而且还是米店老板最讨厌的寿险推销员。

从米店出来不久，原一平就进入了保险行业，凭借着不懈的努力，他的销售业绩不断攀升，然而对于米店那个店训，原一平却始终难以忘记。他现在对人寿保险已经有了比较全面的认识，所以很不理解米店老板的想法，但是他深知米店老板的为人，知道想要说服他绝不是一件简单的事情。

终于有一天，在好奇心和职业本能的驱使下，原一平回到了米店，决定去探个究竟。

在一番寒暄之后，原一平告诉米店老板自己是明治保险公司的推销员，并开门见山地道出了来意：询问对方是否购买了保险。

原一平本以为凭着自己和老板的交情，就算对方不答应，至少也可以交谈一番。不料想他的话刚说出口，就被米店老板很不客气地拒绝了，并很干脆地告诉他，如果只是来叙旧聊天，那么什么话都好说，如果想推销保险，就立即走人。挨了当头一棒的原一平只好不再谈论保险，但是他并不是一个轻易放弃的人，对于自己以及保险都有充足的信心，认为米店老板之所以严词拒绝只是因为对保险缺乏认识。所以在和老板聊了一会家常

话之后，就起身告辞了，但是在临走之前，原一平还是诚恳地跟老板说了保险的特点和好处，并请对方仔细斟酌。

天有不测风云，没过多久，米店老板的父亲就因病突然去世，原一平知道以后，连忙准备了礼品前去吊唁。安葬了米店老板的父亲以后，原一平一边帮助米店老板处理善后事宜，一边以其父亲为例，向米店老板灌输有关保险的知识。功夫不负有心人，原一平的努力没有白费，在丧事办完不久，米店老板就请原一平去米店办理他们夫妇二人的保险事宜，并诚恳地向原一平道歉。

正是通过这件事，让原一平明白了一个道理，在推销过程中，相信自己，不怕困难是至关重要的。因为被客户以"我最讨厌保险"来拒绝的情形，对于一个推销员来说可谓家常便饭，这时候推销员一定要有不倒翁般的精神，牛皮糖似的韧性，不怕困难，巧妙周旋，最终才会取得成功，也正是靠着这样的认识和他本身的不懈努力，让原一平在保险销售上获得了巨大的成功。

其实不只是做销售，做任何事情都一样，只有对自己充满信心，相信自己能够成功，并且不怕困难，有越挫越勇的心理素质，才可能把事情办好，获得最终的胜利。

失败只是暂时的，困难也不会永远存在。连米店老板那样顽固的人，都可以在原一平的劝导下改变了自己坚持数十年的观点，何况一般的人。

常言道："好事多磨。"信心在很大程度上决定着人生的成败，如果害怕了困难，困难就越来越多，如果害怕挫折，挫折就愈发显得难以击败，如果对自己失去了信心，那么失败的结局很可能从一开始就已经注定。

当然，信心也不是一朝一夕就能够形成的，它需要自己不断地努力。此外，通过一些小技巧也可以让自己的信心逐渐得到提升。

一、要看到自己的长处

自信心较差的人，总是关注自己的缺点和不足，而对自己的长处和优点却视而不见。每个人都有自己的长处和短处，如果只看到自己的短处，自然越来越自卑，而积极欣赏自己的长处和优点却能提升对自我的信心。在做了一些成功的事情之后，不要忘记及时肯定自己，自我心理上积极的暗示和鼓励是你提升信心的第一步。

二、制定较容易实现的目标

很多人对于自己的要求很高，因此制定了很高的目标，做起来就会很勉

强，一旦无法完成也容易失去信心。如此循环往复下去，那么对自己的信心的打击是很大的。如果能够正确认识自己的能力，给自己制定一些切实可行的计划和目标，并且脚踏实地地做，每一次成功无疑都能提升自己的信心。

三、有平和的心态

不要只盯着最好的，更不要只看到自己和优秀者之间的差距。比上不足，比下有余，别人的成功有他的道理，而自己没有必要时刻关注这些，一步步地走，不要急于求成，成功的一天总会到来。

人生感悟

曾国藩曾说过："危难时刻不可仰仗他人。"困难时刻一定要依靠自己，因为只有自己信心十足，才能把事办好！

不骄不躁，做情绪的主人

做自己情绪的主人，方能为人所不能为，能忍胯下之辱的韩信就是一个很好的例子。

相传韩信年轻时家境不好，他本人除了懂得排兵布阵、熟读兵书之外，什么都不会，既不懂得买卖经商、耕种作田，也不会溜须拍马、投机钻营。如此坐吃山空，结果弄得家徒四壁，最后连一日三餐都成了问题，无奈之下只好背上家传宝剑，沿街四处流浪。当地有个财大气粗的屠夫素来看不起韩信这副寒酸迂腐的书生样，又见他身背宝剑，就故意当众挑衅他说："你虽然长得人高马大，又喜欢佩刀拿剑，但不过是装样子而已，实际上是个胆小鬼。你要是不怕死，就杀了我，要是怕死，就从我裤裆底下钻过去。"说完他就岔开双腿，立个马步，斜着眼睛看着韩信。周围的人一哄而上，围着看热闹。韩信一时愣在那里，认真打量了一下这个屠夫，竟然真的弯腰趴在地上，从那人裆下钻了过去。街上的人顿时哄然大笑，指指点点，嘲笑韩信是个胆小鬼。遭受巨大羞辱的韩信忍气吞声，回家依旧闭门苦读。

没过多久，全国各地爆发了反抗秦王朝暴政的农民起义，韩信得到机会，决心从军。他收拾行囊，几经周折，终于得到汉王刘邦的重用，从此

统领大军，驰骋疆场，战必胜、攻必克，成为一代将才。

　　韩信的成功，很大一部分原因在于他能够控制自己的情绪，在屠夫挑衅的时候，没有做出不理智的举动。相反，那些不能控制自己情绪的人，动辄怒发冲冠，为一点小事争吵斗殴，最终伤人害己。

　　曾经看过一个案例，因为故意伤害导致一人死亡，法院最后做出判决：一人死缓，一人无期徒刑，还有其他几个人也受到了轻重不一的惩罚。牵涉了这么多人的伤害案件，起因仅仅是因为两辆自行车在路边相撞引发的口角。

　　老张骑着自行车上街，车后边坐着他的小儿子，由于车速太快来不及刹车，在一个岔路口同一辆斜着穿过的自行车相撞，双双倒地。老张儿子的胳膊和小腿擦伤，对面自行车上的小伙子也摔伤了胳膊。双方从地上爬起来都很生气，相互指责对方，最后因为言语不和，脾气暴躁的老张上前给了那个小伙子一个耳光，年轻气盛的小伙子大怒，上前推搡了老张一下，于是双方就动起手来。老张父子以二对一并没有占到什么便宜，气急败坏的老张打电话叫来了他的大儿子。不久，老张的大儿子带来了几个人赶到，追上没有走多远的小伙子就是一顿暴打，打完后才发现那个小伙子已经奄奄一息。一看出了乱子，老张一家人赶紧把小伙子抬到郊外，然后溜之大吉，小伙子后来被人发现时已经停止了呼吸。

　　公安局马上立案侦查，很快就查到了老张一家人，随后相关人犯也都被抓获归案。

　　调查取证以后，法院很快作出判决，老张的大儿子被判处死刑，缓期两年执行；老张被判处无期徒刑，其他几个打人者包括老张的小儿子也都受到了相应的制裁。判决书下达以后，老张一家人抱头痛哭，真是悔不当初啊，可是现在说什么都来不及了。

　　这就是被情绪控制以后所导致的恶果，当然现实中不是每件小事都会演变成这样，但是因为一点点小事就相互争吵打骂的事情在生活中实在太常见了。

　　人生不如意的事情有很多，办事时更会遇到种种困难，如果能够让自己心平气和地面对，不为一时的成功沾沾自喜，也不为一时的挫折垂头丧气，在冷遇、白眼、拒绝，甚至挑衅和侮辱来临时冷静一点。别让不良的情绪奴役了自己的心灵，耐心细致地面对，那么你将会发现，其实所要做的事情并不是那么难。

青春励志

做事
——用专注为成功铺路

两千多年前孟子就曾经说过:"天将降大任于斯人也,必先苦其心志,劳其筋骨,饿其体肤,空乏其身,行拂乱其所为,所以动心忍性,增益其所不能。"只有能够具备良好的办事心态,能控制自己的情绪,能忍受办事过程中的各种艰难困苦,才能获得最终的成功。

控制情绪成就大业

性情中人多以自我感性为出发点去做事,当所遇之事与自己的性情相抵触时,他们往往不能忍受。这样导致的结果很有可能就是失败。

艾森豪威尔说:"能控制自己情绪的人,可以成就任何大业。"

清人傅山说过:愤怒达到沸腾时,就很难克制住,除非"天下大勇者"便不能做到。中国古语讲:"小不忍则乱大谋。"如果你想和对方一样发怒,你就应该想想这种爆发会产生什么后果。如果发怒必定会损害你的身心健康和利益,那么你就应该约束自己、克服自己,无论这种自制是如何吃力。

唐代宰相娄师德的弟弟要去代州都督府上任,临行前,娄师德对弟弟说:"我没多少才能,现位居宰相,如今你又得州官,得的多了,会引起别人的嫉恨,该如何对待?"他弟弟回答说:"今后如果有人往我脸上啐唾沫,我也不说什么,自己擦了就是。"娄师德说:"这正是我担心你的。那人啐你,是因为愤怒,你把它擦掉了,这就是抵挡那人怒气的发泄。唾沫不擦自己也会干的,倒不如笑而接受呢。"

娄师德兄弟的这番谈论。有打比方、开玩笑的成分,其中的意思就是要忍耐、要退让,不要去和对方"针尖对麦芒"。不然,就会更加激怒对方,使矛盾尖锐化,带来更严重的后果。

在法国有这样一则故事:

阿兰·马尔蒂是法国西南小城塔布的一名警察,这天晚上他身着便装

来到市中心的一间烟草店门前。他准备到店里买包香烟。这时店门外一个叫埃里克的流浪汉向他讨烟抽。马尔蒂说他正要去买烟。埃里克认为马尔蒂买了烟后会给他一支。

当马尔蒂出来时，喝了不少酒的那个流浪汉缠着他索要烟。马尔蒂不给，于是两人发生了口角。随着互相谩骂和嘲讽的升级，两人情绪逐渐激动。马尔蒂掏出了警官证和手铐，说："如果你不放老实点，我就给你一些颜色看。"埃里克反唇相讥："你这个混蛋警察，看你能把我怎么样？"在言语的刺激下，两人扭打成一团。旁边的人赶紧将两人分开，劝他们不要为一支香烟而发那么大火。

被劝开后的流浪汉骂骂咧咧地向附近一条小路走去，他边走边喊："臭警察，有本事你来抓我呀！"失去理智、愤怒不已的马尔蒂拔出枪，冲过去，朝埃里克连开四枪，埃里克倒在了血泊中……

法庭以"故意杀人罪"对马尔蒂作出判决，他将服刑30年。

一个人死了，一个人坐了牢，起因是一支香烟，罪魁是失控的激动情绪。

生活中我们常见到当事人因不能克制自己，而引发争吵、骂架，甚至流血冲突的情况。有时仅仅是因为你踩了我的脚，或一句话说得不当。在乘地铁时争抢座位，在公交车上挨了一下挤，都可能成为引爆一场口舌大战或拳脚演练的导火索。在社会治安案件中，相当多的案件都是由于当事人不能冷静地处理事情——许多本就是小事一桩——而发生的。

人皆有七情六欲，遇到外界的不良刺激时，难免情绪激动、发火、愤怒，这是人的一种本能的生理和心理反应。但这种激动的情绪不可放纵，因为它可能使我们丧失冷静和理智，使我们不计后果地行事。因此，我们在遇到事情时，在面对人际矛盾时，要学会克制，学会忍耐，而不要像炮捻子般，一点就着。

人生感悟

如果你忍不住别人的刺激，怒气如火山般将要爆发时，就试试曾是美国总统的杰斐逊所教的方法："生气的时候，开口前先数到十，如果非常愤怒，先数到一百。"

讲义气能让你赢得人心办成事

为朋友两肋插刀，是有力的攻心术，这也是古人常用的心理学。不说过分的话，交往中乐善好施、慷慨大方，是对方比较看重的。斤斤计较、一毛不拔的小气鬼，难得人缘，更难成大事。营建人际关系，重义气能使朋友和哥们儿之间的关系更铁。

著名导演冯小刚，就是个讲义气的人。一次，在刚刚结束的贺岁大片《非诚勿扰》的关机典礼现场上，冯导将赞助方清华同方赠予的一部Imini笔记本电脑慷慨地送给剧组摄像师吕乐。冯小刚刚接到Imini时，对电脑的款式、功能都很欣赏，把玩起来简直爱不释手，喜爱之情溢于言表。正当他怀着胜利的喜悦把玩电脑时，他突然想起了默默无闻的摄影师吕乐。在整部影片的拍摄过程中，吕乐都兢兢业业，一丝不苟，每天对着摄影机不停地工作。

想到这里，他又突然想起了吕乐的女儿，他的女儿马上就要去德国留学了，这个笔记本送给她当礼物是再好不过了。原来《非诚勿扰》的摄像师吕乐的女儿即将赴德国留学，而因为《非诚勿扰》的紧张拍摄，吕乐在女儿出国前一直没有时间陪她。冯导借花献佛，特将时尚青春的Imini笔记本赠与吕乐的女儿，向父女俩表达了自己的感激之情。

吕乐对此也很感激，觉得冯导这样的大导演还想着一个摄影人员，并想到了即将出国留学的女儿，接下来的拍摄过程吕乐更认真了。冯小刚不但对摄影人员讲义气，对其他人员也很讲义气。在许多次拍摄过程中，一些无角色的群众演员与剧务人员忙完后，他总是请大家到星级饭店好好吃一顿，以此感谢大家的支持。许多人也为他的义气感动，有的不远千里赶来为他的片子配戏，正是这样，他在电影界才渐渐出了名。

我国古代一些大人物在义气方面更是当仁不让，最典型的要数三国时期的桃园三结义了。正是为了兄弟义气，张飞、关羽才舍生忘死追随刘备，为蜀国开创立下了汗马功劳。

著名富商李嘉诚，从小就很讲义气。李嘉诚曾说："我爸爸是非常典型的中国人，有气节，讲义气，且诚恳待人。我的义气都是父亲耳濡目染的。"

父亲病逝以后，小嘉诚和母亲东拼西凑，总算凑足了一笔为父亲买块葬身之地的钱。他就将钱交给卖地人之后，便跟着他们去看地。那天恰巧寒流南下，气温骤降，加上阴雨绵绵，山路泥泞，衣着单薄的小嘉诚冻得瑟瑟发抖。两个客家人见他是小孩，存心欺骗他。他们走得很快，企图摆脱李嘉诚。但小嘉诚却寸步不离，紧紧地跟着他们。当走到一座山坳上的荒坟时，走在前面的弟弟用客家话对哥哥说："阿哥，就这里吧！"被称为"阿哥"的男子说："这里？你没看见这里已有一座坟了吗？""不要紧，掘开它，把尸骨弄走就是了。一个小孩子，谅他不敢不收货。"

他们的对话，被略懂客家话的李嘉诚全听到了。小嘉诚想："世界上居然有这样黑心的人，为了这么一点钱，连死人也不肯放过。"他想到父亲一生光明磊落，鸠占鹊巢的事，父亲是绝对不会做的，即使将他安葬在此，九泉之下的他也是不会安息的。小嘉诚又想："这两个人如此黑心，要将钱退回是绝对不可能的了，若同他们纠缠，遭他们毒手倒是有可能的。"所以，当那兄弟俩挥锄要挖坟时李嘉诚说："不要挖了，你们的话我全听到了。算了吧，那笔钱只当我施舍给你们罢了！我另找卖主去。"说完，头也不回地奔下山去。两个骗子很惭愧，后来还是将钱退给了李嘉诚。李嘉诚时常告诫自己，不论将来日子如何艰难，一定不可以坑害别人，即使是落魄撞骗的人，也要照顾他们，为人要讲义气。凭着这样的人生信条，李嘉诚终于成了现在的亚洲首富。

在交往中讲义气，别人会被你的义气所感动，你的朋友会越来越多，这样对你的发展也会更有利。小家之气、斤斤计较的人，谁会与他交往呢？

一名小伙子，是个聪明能干的上班族，刚工作半年，他的动画设计水平就很不错了。他成绩的取得主要源自于他的好学。在单位里，只要有空，小伙子就向同事请教问题，许多老同事见小伙子谦虚好学，也很乐意帮助他。经过半年的努力，小伙子的第一部动画终于拍摄了。小伙子欢喜非常，对自己的将来信心百倍。工资与奖金发放的当天，小伙子热情地请同事吃饭。大家觉得盛情难却，都去入席了。大家还是比较同情小伙子的，刚工作不久，并没有多少积蓄，点菜时都很谨慎。小伙子一下子受不了了："各位同仁，我今天能取得一点成绩，绝对离不开大家的帮助与支持，这顿饭是我对大家的感谢，大家尽情点菜、唱歌，不要有所顾虑。"大家觉得小伙子很讲义气，就照顾小伙子的面子各自点了菜。但是小伙子发现大家点的菜都是菜谱上最廉价的，这怎么行？即使是这次的工资与奖金花完了也

要让大家吃得舒心，玩得开心，大家点完菜后小伙子又悄悄到前台加了许多菜。

宴席上大家开怀畅饮，好吃的也不断上了桌面，后来大家才看出许多菜是小伙子加上去的。众多同事觉得小伙子真是够情意，如此年轻就很讲义气，取得成绩不忘大家，真是前途无量。特别是公司的老总，对小伙子的慷慨、义气很欣赏。那次宴会一下花去了小强90%的积蓄，后来小伙子与同事的关系也越来越好了，半年过后就被领导提升为主管了。

人生感悟

义气，说白了也就是慷慨大方，许多朋友就是缺少这点义气才失去了许多朋友，使自己的交际圈冷冷清清的。朋友多了路好走，多份义气对方就能看到你的大气，自然乐意与你交往。

有了义气对方与你交往起来才爽快，你会赢得更多人的支持。赢得了人心，你还愁办不成事吗？

让别人心理上感觉欠你人情

让别人心理上欠你人情债，是拓展人缘的最佳方式。"人家帮我，永世不忘；我帮人家，莫记心上。"这是华罗庚的名言。这句话告诉人们，不要忘记别人对自己的帮助，但对自己的付出不要看得太重。

著名教育家徐特立老人，在长沙师范教书时，总是尽力帮助贫苦学生，为他们解决经济上的困难。当时在那里求学的田汉，因父亲早亡，家庭经济十分困难，徐老就为他买书、买蚊帐，使他得以安心学习。后来，为官清廉的姜济寰丢掉官职后无以为生，徐老就把长沙师范校长的位置让给他，自己到别的学校教书。长征途中，徐老将仅有的一张御寒羊皮送给身体较差的谢觉哉老人，还送给他一些当时极为宝贵的粮食。组织上分配给他的马他也很少骑，总是让给有病负伤的同志骑，自己坚持步行。徐老对别人的赞美、回报从来不在意，这让对方很过意不去。

1936年冬天，巴金收到杭州西湖边的庙里一位落难姑娘写来的求救信，

这位姑娘因母亲去世，受后娘虐待，又遇上失恋，打算投湖自杀，后来巧遇一个远亲，被安排到庙里安身，结果庙里的和尚又对她起了歹心，远亲又不在，无奈中姑娘只好给巴金写了这封信。巴金当即约了鲁彦、靳以二人一起，到这位姑娘落脚的庙里，冒充是姑娘的舅父，替她付了80多元房租和饭钱，将她搭救了出来。

　　然后又为她买了火车票，将她送到上海做了妥善安置。数十年后，有人要在文章中写这件事，向巴金打听有关细节，并说当年的那个姑娘看到文章与巴老的联系地址会来感谢他的。可巴金说："鲁彦、靳以都故世了，没有人证明，就算了吧。"

　　名人办事从不计较利益得失，他们不图回报。

　　著名书法家王羲之天下闻名，但是他不肯轻易给人写字。有一天，王羲之在路上遇见一位贫苦的老婆婆，提着一篮竹扇在集市旁叫卖。因为老婆婆是乡下人，很多城里人无心去买她的扇子，她守了半天也没卖掉一把。王羲之看到后很同情那位老婆婆，于是在每把扇子上都题上自己的字。人们知道后纷纷抢着购买，一篮竹扇很快就被抢购一空。等着买米下锅的老婆婆非常高兴，十分感谢王羲之，并要买只鸡请他到家里吃饭。但王羲之笑了笑就离去了。

　　名人之所以成为名人，不只是因为他们有才华，更重要的是他们助人不图名利。唯利是图，没有利益就不帮人的人永远成不了名人，他们也不会得到外人的赞美和帮助。

　　一个做文具生意的商人。他在生意场上十分热情，只要朋友用得着，他绝不会推托不管。但是他有个小习惯：只要他为朋友帮了忙，事后他总会让朋友帮他销售文具，或是以销售文具为交换条件帮别人办事。一次商人的朋友因为去进货时钱带少了，想向商人借两万块钱，几天后就还他。商人生意虽然做得不算大，但是这两万块钱对他来说是不成问题的。朋友是做纸张买卖的，他觉得他可以帮自己处理一些学生作业本，于是就说："这几天手头紧，一时没那么多钱，这样吧，我这里有一批学生的作业本，你可以与熟悉的批发商联系一下，能换成钱你就都拿去好了，少说也能卖两三万。"朋友还以为商人真想帮自己的忙呢，就赶紧联系文具批发商。结果折腾了两天，本子也没卖出去，因为这些本子积压很久了，有的都破了。朋友很着急，但商人显得很无奈，朋友只好向商人的同行借钱。朋友名声好，很快解决了资金周转问题，商人并没在意，但是朋友的人缘和生

意却好起来。

林肯年轻时就不懂得这个道理，他常常写信或者写诗讽刺和挖苦别人。有一次，林肯又写文章嘲讽一位政客，文章在报纸上发表后，那位政客怒不可遏，向林肯下了战书，要求与他决斗。林肯尽管很不喜欢决斗，但是为了维护名誉还是被迫硬着头皮接受挑战。眼看两人在河边持枪而立，一场决斗不可避免，好在最后时刻终于有人出来制止，才令悲剧没有发生。否则，美国历史上也许就会少了一名伟大的总统。这是林肯一生中最深刻的教训，这件事使他知道了得罪他人、四处树敌会带来怎样的后果。以至于后来当有士兵问到林肯消灭敌人最好的方法时，林肯意味深长地回答说："最好让他成为你的朋友！"

千万不要随意树敌，否则你就是为自己的事业发展人为制造了无数的障碍。别忘记在"仇恨袋"里面装些宽容，这样我们就会减少一个障碍，增加一个成功的机会。下面看看美国第一位总统华盛顿是如何"化敌为友"的吧。

1754年，乔治·华盛顿还是一名上校，他率领部队驻扎在亚历山大市。当时正值弗吉尼亚州议会选举，就候选人问题，华盛顿与一位叫做佩恩的议员展开了激励的辩论。

在辩论中，华盛顿无意中说了一些过火的话，愤怒的佩恩上前一拳把华盛顿打倒在地。华盛顿的部下见自己的长官吃了亏，纷纷过来要痛扁佩恩。华盛顿急忙劝阻部下，自己独自返回营地。

第二天早上，佩恩接到了华盛顿委托别人送给他的一张便条。约他到一家小酒馆见面。佩恩心想这势必是一场决斗，便做好准备赶到了酒馆。谁知道眼前的情景，令佩恩大吃一惊。早已等候在那里的华盛顿，一见到佩恩来了，一手捧美酒，一手伸出去微笑着迎接他，并且主动地道歉："昨天的事，确实是我不对，不应该说那样失礼的话。不过你已经用拳头挽回面子了，我们就算扯平吧。假如你认为到此可以了结的话，就请握住我的手，让我们成为朋友吧。"佩恩为华盛顿的气量所折服，真诚地伸出了手。从此以后，佩恩成了华盛顿最为忠实的伙伴和朋友。

与正经人交往，最忌讳贪小便宜。我们不要为那一点点利益蒙蔽了双眼，贪小便宜能让朋友对你另眼相看。

老百姓经常说："占点小便宜也发不了家。"主动放弃小利，不在乎报酬，帮一次忙对方就感激你一次，以后你找人办事，自然也就好开口了。

突破心理弱点，开发自我潜能

心理学上讲，只有肯定自我的人才能树立信心。山不辞土，故能成其高；海不辞水，故能成其深；肯定自我，才能看到自己更大的优势，树立积极向上的心态。不因自身优点而骄傲，也不因自身缺点而自卑，不管过去做得如何，我们首先要肯定自己。

我国著名画家徐悲鸿，就是一个特别自信的人。20世纪初，徐悲鸿在欧洲留学时，曾碰到一个洋人的寻衅。那个洋人说："中国人愚昧无知，生就当亡国奴的材料，即使送到天堂深造，也成不了才！"徐悲鸿义愤填膺地回答："那好，我代表我的祖国，你代表你的国家，等学习结业时，看到底谁是人才，谁是蠢材！"洋人不以为然地说："我不信，你能行吗？"徐悲鸿坚定地说："我能行！"之后徐悲鸿减少了闲杂交往，几乎整天将自己关在画室里绘画。一年之后，徐悲鸿的油画就受到法国艺术家的好评；此后数次竞赛，他都得了第一；他的个人画展，轰动了整个巴黎美术界。徐悲鸿取得的成就，是那个洋人远远不能及的。

徐悲鸿靠着一股拼劲儿，充分肯定自我，他的爱国热情加上他充分的自信，终于使他成为驰名中外的美术家。由此可见，充分肯定自我，能为自己增加力量，心理作用比任何外界的作用都要大。别人对自己有什么看法并不重要，关键是自己要肯定自己，相信自己。

毛遂自荐的历史典故，是尽人皆知的。战国时期，为解救邯郸，赵王想联合另一个区域大国楚国共同抗秦。为此他派平原君到楚国游说。平原君打算从自己数千名门客中挑选出有勇有谋的20人随同前往，可挑来选去，只挑选出19名。就在这时，有一位门客不请自到，自荐补缺。他就是

平原君说："三年时间不算短。一个人如果有才能，就好像锥子装在囊中，会立刻把它的尖刺显露出来那样，他的才能也会很快地显露出来。可你在我府上已住了三年，我还没听说你有什么特殊的才能。我这次去楚国，肩负着求援兵救社稷的重任，没有什么才能的人是不能同去的。你就留下来好了。"毛遂却充满自信地回答道："你说得不对，不是我没有特殊才能，而是你没把我装在囊中。若早把我装在囊中，我的特殊才能就像锥子那样脱颖而出了。"

从谈话中，平原君似乎觉得毛遂确有才能，于是接受了毛遂的自荐，凑足20名随从，前往楚国。到了楚国，平原君与楚王谈判。平原君详尽地讲了联合抗秦的必要性之后，要求楚王尽快地派出援兵去解救邯郸，可楚王不出声。他俩的谈判，从清晨谈到了中午，居然还没有谈出个结果来。等在外面的20名随员，焦急起来了。

毛遂此来，因是自荐，所以那19名随员从内心里看不起他，总觉得他有些自吹自擂。这时候，他们想看看毛遂到底有什么本领。在谈判席上，毛遂表现得异常英勇他对楚王说："大王，楚赵联合抗秦，势在必行。这只是两三句话便可以议定的事情。如今从早晨到现在总也商议不出个结果来，这是为何？"毛遂的出现与责问使楚王很不高兴。他不理睬毛遂，转身气愤地问平原君："他是什么人？"平原君说："他是我的随员。"楚王气愤了，转身斥责毛遂道："寡人正与你的主人议事，你算是什么人，竟也上来插言！"楚王的话，激起了毛遂的满腔愤怒。他抽剑出鞘，然后向楚王逼近两步，大声道："尊贵的楚王，你之所以敢斥责我，不就是仗着你们楚国是个大国吗？不就是仗着这时候围在你身边的侍卫人多吗？不过，我现在告诉你，眼下在这十步之内，你国大没有用，你人多也没有用。你的性命就在我的手里，你叫嚷什么？"

经毛遂一说，楚王顿时吓得满头是汗，不做声了。毛遂又道："楚国是大国，应该称霸于天下。然而，你骨子里怕秦国怕得要死。秦国多次侵略楚国，占领了你们许多地盘，这是多么大的耻辱！想起这些来，连我们赵国人都感到害羞。现在，我们来联合你们抗秦，说是为着解救邯郸，同时也是为你们楚国报仇雪恨。可是，你却这般怯懦。你这叫什么大王！难道

青春励志

做事

——用专注为成功铺路

你就不感到惭愧吗？"毛遂激昂的一席话，说得楚王脸都红了。毛遂趁机说道："尊贵的楚王，怎么样？愿不愿意与我们赵国一齐抗秦呀？""愿意！愿意！"楚王满口应允。

于是楚赵两国签订了联合抗秦的盟约，毛遂立了大功，没过三天，毛遂的名字在赵都邯郸便家喻户晓了。

著名心理学家马斯洛认为，具有最健康人格的人是自我实现的人。所谓"自我实现"就是个人的潜能得以实现，自身能力得到了运用。"自我实现"的前提首先是自我肯定，然后才是"自我激励"、"自我开发"。

比如说近期的经济危机，闹得许多人怨天尤人、否定自我，市场不好。发发牢骚解闷可以，但是不要怪自己，要肯定自己，认识自己，才能进一步发掘潜力、发展自己。咱们来看下面一位女博士的经历吧。

李虹在中国管理科学院读博士已经毕业了，学的是科技发展历史研究专业。她知道留在中科院的可能性很小，同门师兄弟、师姐妹竞争压力比较大，进入博士后的女博士，在相貌上、姿色上要占优势，可她没优势可言，去大学教书还是留在中科院，不是个人能力能左右的。随着经济危机的加剧，北京市场博士就业也面临严峻挑战，就业困境加剧，大学里为了避免"近亲繁殖"，也是人满为患，博士也逐渐加入危机时代的失业大军。李虹没有工作经验，一般用人单位对博士是不敢恭维的，她年龄又偏大，家里还催着找对象结婚。种种压力下的李虹没有畏惧，与本科生、硕士生一起奔向人才市场，经过N次面试失败，最后被浙江宁波一家燃气公司录用了，她放弃了在中科院的科技发展研究博士后工作，毅然到民营企业出任技术总监职务。她放弃在中科院的博士后工作，是对权威科研机构的一种社会反思，也是一种职业价值自我实现的挑战，更是对自身的一种肯定和接纳。后来她干得挺不错。

人生感悟

肯定自我，才有勇气树立积极的心态。改变现状要有勇有谋，而且应该先有勇后有谋。无论如何，也要无条件地接纳自己的现状，失业也罢、失恋也罢、工作不景气也罢、人缘不好也罢，都要以一颗平常心对待，不因自身优点而骄傲，也不因自己的缺点而自卑，不管别人对你评价如

何，你永远都要接受自己、肯定自己。一旦你鼓起勇气肯定自我，就会突破心态上的薄弱点。找到新的起点，任凭市场萧条、处境困顿，你也能坦然面对、踏平坎坷、开辟一片全新的发展空间！

必要时，让眼泪助你打一场心理战

流泪，也是心理战术的一大特色。人长一双眼睛，除了看东西之外，还会流眼泪。适当的时间、适当的场合洒一洒你的泪珠子，你所要办的事就好办多了。

你有没有在与人谈到某问题时，对方突然哭起来的经验？对方突然泪流满面求你饶恕时，你怎么办？大多数人会说："噢，对不起，别哭嘛，我不是故意的，或许我火气大了些。"甚至更进一步道："别哭了，我答应你就是了，你要怎么做就怎么做好了。钱在桌子上，自己拿去买点儿东西吧！"泪水就有这么一种神奇的力量，能把对方拉到帮助你的位置上来，你也可以得到更多的帮助。

很多人认为，刘备的江山是哭出来的。他在初见赵云之后，在分别时"执手垂泪，不忍相离……洒泪而别"，牵住了赵云的心；他三顾茅庐，力邀诸葛亮出山，诸葛亮百般推辞，他哭到"泪沾袍袖，衣襟尽湿"，打动了诸葛亮；他听到曹丕废了献帝，并加害献帝的事后，深感自己无能为力，"痛哭终日"，赢得了民心；孙权企图以联姻来诱拐刘备，刘备在孙夫人面前"泪如雨下"，终于感动了孙夫人，倚着孙夫人这面"挡箭牌"，走出了吴国国境，害得东吴"赔了夫人又折兵"。可见，哭也是办事成功的有效方法。

在求人办事时，对方的同情和理解非常重要。如果你能得到对方的同情和理解，对方就会愿意给你帮忙，为你撑腰，你的难题可能很快向好的方向转化。如果对方被你感动了，有些即使已经被否决的事，也有可能重新翻过来。眼泪这个看似最无力的东西，有时却可以起到最关键的作用。眼泪是打动人心的有力武器。一滴柔弱的水可以"水滴石穿"。在生活中，泪也有这种神奇的魔力。

拿破仑的妻子约瑟芬，是前博阿尔内子爵夫人，一向水性杨花，生活放荡。当拿破仑在意大利和埃及战场浴血搏斗时，新婚不久的她却与一个叫夏尔的中尉偷情私通。她以为拿破仑会战死沙场，不再等待他归来。

事与愿违，拿破仑回来了!约瑟芬后悔了，如果拿破仑知道了私情，肯定会离开!她挖空心思要挽回拿破仑的心。约瑟芬不辞辛苦，坐着马车，长途跋涉去法国南部的里昂迎接拿破仑。可是她的如意算盘没有起效，她好不容易到达里昂，拿破仑已从另一条路与家人会合了。

拿破仑对约瑟芬的不贞早有所闻，当他确定了之后，暴跳如雷，下定决心与她离婚。

约瑟芬知道大事不好，日夜兼程赶回巴黎。拿破仑吩咐仆人不让她走进家门。她勉强进了门，却不知怎样来应付与丈夫相见的场面。片刻之后，她静下神来，想到了一招"眼泪攻心术"。约瑟芬来到拿破仑的卧室门前，轻轻敲门，门内没有回答。她轻动门柄，门反锁了，开不了。她再次敲门，温柔而哀婉地呼唤，拿破仑没有理睬。她开始短促抽咽，房内依然没有回音。她失声大哭，用双手捶着门，请求他原谅。她承认自己一时轻率、幼稚犯下了错误，并提起他们以前的海誓山盟……她边哭边说，如果他不能宽恕，她就只有一死。

约瑟芬哭到深夜，忽然想起孩子们。拿破仑很爱她的孩子奥当丝和欧仁，这是打动拿破仑的好办法。孩子们来了，天真地哀求着说："不要抛弃我们的母亲，她会死的!……还有我们，我们怎么办呢?……"人心都是肉长的，约瑟芬这一招终于成功了。拿破仑虽然痛恨约瑟芬背叛了他，但是她的哭声在他的脑海里勾起了他们相爱时的美好回忆。奥当丝和欧仁的哀求声冲破他心中设下的防线，他热泪盈眶。房门打开了，拿破仑与约瑟芬重归于好。后来，拿破仑登基时，约瑟芬成了皇后，非常荣耀。

在约瑟芬保住名分和地位的过程中，她非常聪明地运用了自己的眼泪和孩子们的哀求。当她声泪俱下时，驰骋战场的拿破仑都不禁对她心生怜惜，用同情包容了她。有的女人把"一哭二闹三上吊"当成征服他人的手段，虽然有些泼妇之嫌，但在某种形势下却也能起到一定的效果。在这里，如果当时约瑟芬不是运用眼泪的武器，那么拿破仑能轻易地原谅她吗?不仅仅是女人的眼泪，男人的眼泪有时比女人的更有用。一般人都相信"男儿有

泪不轻弹"，男人一旦哭起鼻子来，那种气氛会让在场的人都不忍拒绝。

宋太宗年间，曹翰因罪被罚到汝州，曹翰苦思返京之策。一天，宫里派了个使者到汝州办事。曹翰想办法见到了使者。曹翰见到使者时，说起皇帝对自己的恩遇。他一边说，一边眼泪就下来了："我的罪恶深重，就是死也赎不清，真不知怎样才能报答皇上的不杀之恩。想当年，皇帝对我委以重任，我却不懂得珍惜。现在我每天都在这里认真悔过，希望来日有机会报效朝廷。"他的话语中充满了对以往行为的忏悔，眼泪止不住地往下流。使者看到曹翰哭得非常伤心，不由地动了恻隐之心，便安慰他："你当好现在的差，也算是对皇帝的报答了。"曹翰听到这些话，更加止不住悲伤，号啕大哭起来。他这一哭直哭得使者不知所措。

曹翰眼睛红通通的，从身后拿出一个小包袱说："我在这里服罪，却挂念家里的亲人。家里人口太多，缺少食物生活不下去了。请你帮我去抵押一些钱，交给我家里换点儿粮食，好让家里大小暂且糊口。"曹翰思念亲人，眼泪流得"哗哗"的。使者被曹翰打动了，认为他是一个有情有义的人。曹翰的眼泪打通了回京的通道。使者回宫后，如实地向宋太宗汇报了曹翰的情况。宋太宗打开包袱，看到里面是一幅题为《下江南图》的画，画的是当年曹翰奉旨攻打南唐的情景。宋太宗看到此图，想起曹翰当年功勋，怜悯之情油然而生，于是把他召回京城。

曹翰用自己的泪水成功地打动了使者，让使者成为他与皇帝之间的信使。如果他没有声泪俱下，使者可能就直接帮他把那幅画卖掉，不会向宋太宗汇报了。眼泪是博得他人同情的好方法。用自己坎坷遭遇的愁容和凄凉悲怆的眼泪，可以使对方的感情之水为之荡漾，即使对方是铁石心肠，也会网开一面，答应或者帮助你把事情办成。每个人都具有同情心、仁慈心，利用对方人性中善良的光辉，你可以成功地办成自己要办的难事。

人生感悟

在现实生活中求人办事，也不可能一帆风顺，有时也要有点"眼泪"的功夫。眼泪会引来更多的同情心理，更多的关爱。

办事一定要有耐心

据说宋朝的宰相赵普，学识一般，但是他精通谋略，不但为宋朝的建立立下了赫赫功劳，而且主持朝政的时候政绩显赫，为官清廉，是一位不可多得的名相。

赵普敢言直谏，性格坚韧，只要自己认为是正确的事情，即使宋太祖不认可，也不轻易放弃，不达目的不罢休，反复坚持，直到皇帝同意。

有一次赵普发现了一位人才，于是向皇帝举荐，宋太祖没有答应。赵普并没有灰心，在次日上朝的时候就这个问题又向皇帝提出建议，宋太祖也很固执，仍旧没有同意赵普的提议。到了第三天，赵普继续向皇帝举荐，所有的人都为赵普的固执担心，宋太祖也不耐烦了，直接把奏折撕成碎片，气冲冲地拂袖而去。这个时候，应该没有希望了吧，皇帝的意思很明显：给了你面子，不要不识好歹，今天只是给你点颜色看看，你最好就到此为止，否则要你好看。任何人到了这个时候也应该知难而退了，可是赵普没有，他把那些撕碎的纸片一一捡起来，回家以后仔细粘好。到了第四天上朝的时候，把份粘好的奏折再次呈在宋太祖面前，面对此种情景，宋太祖一声长叹，只好接受了赵普的建议。

类似的事情在赵普身上多次出现，有一位官员如果按照政绩来算的话，早就该升职了，宰相赵普曾经多次向宋太祖上奏，建议将这位官员晋职。然而因为该官员在以前曾经顶撞过宋太祖，所以迟迟没能得到提升，对于赵普所上的奏折宋太祖也不理不睬。

赵普知道皇帝的心思，可是仍旧多次向宋太祖上奏，请求将该官员升职，最后宋太祖拗不过他，只得勉强答应，但是宋太祖也不甘心，问赵普："如果我一直都不同意，你会怎么样？"

赵普很干脆地说："有过必罚，有功则赏，这是所有人都知道的，也是一个领导统领属下的基本原则，皇帝不该因为个人的好恶而忽视这一点。"

这话把宋太祖顶得脸色发青，什么话都没说，拂袖而去。

◆ 心态好，办事才能好

就是依靠这种锲而不舍的精神，抱着这种水滴石穿的态度，赵普办了很多实事，成为朝臣们的榜样，也是宋太祖最为倚重的大臣。

俗语说："只要功夫深，铁杵磨成针。"这里边蕴含着一个动人的故事。据说大诗人李白小时候虽然很聪明，但是生性顽皮捣蛋，极不喜欢学习，成天东游西逛。有一天他来到一个小溪边，看见一位老婆婆拿着一根铁棒在石头上磨，李白很惊讶，不知道老婆婆想干什么。于是就蹲在旁边仔细观察，可是看了半天也没看出所以然来，于是李白好奇地问老婆婆："您在干什么？"

老婆婆看了一眼李白，一边磨着铁棒一边说："做针。"

李白觉得很好笑，这么粗的一个铁棒怎么可能磨成针呢？于是哈哈大笑，觉得自己遇上了一个疯婆子，就转身走开了。

然而这件事情始终都留在李白的脑海里，挥之不去。于是在过了一段时间之后，李白再次去了那条小溪边。果然，那位老婆婆还在那里，然而让李白无法相信的是：她现在手中拿的真是一只大号的针。看见李白目瞪口呆的样子，老婆婆笑了笑说："只要坚持，任何事情都能办好，看见家门口屋檐下的石头了吗？那一个个的坑可都是一滴滴的水所造成的。水滴石穿，只要有良好的心态，有充足的耐心，没有什么事情做不好。"

李白因此受到了很大启发，于是一改昔日的顽皮，努力学习，终于成为一位伟大的诗人。

人生感悟

好事多磨，水滴石穿，只要努力坚持，任何事情都无法将你难倒，成功自然不再遥远。

眼光放长远，不急功近利

鲁迅先生说，地上本没有路，走的人多了，也便成了路。我们都尊敬第一个吃螃蟹的人，尊敬第一个在荆棘丛中迈出第一步的人，这主要是因为，他的行动一下子就号准了成功的脉搏，他的双脚一下子就踏在了成功

做事
——用专注为成功铺路

的大道上。有了第一步，就会有第二步，有了第二步，就会有第三步，这样一直走下去，肯定会步入成功的辉煌。

一心只想急迫地追求短期效应而不顾长远影响；总是思考追求眼前的小利，而不顾全局的根本利益，这都是急功近利。

古语讲，欲速则不达。急功近利是成就大事业的绊脚石。急功近利者，是戴着功利名位近视眼镜的目光短浅者。他们只看到目前的境况，只看到暂时的贫富盈亏。头痛医头，脚痛医脚，是急功近利者一贯的思考模式。为了治好头而不顾脚，为了治好脚又不顾头了。为了摆脱眼前的状况，可以不顾未来的利益，为了求得一时的痛快，而以长远的痛苦为砝码。其实这是得不偿失的。

1950年，丰田公司因破产危机，工业公司和销售公司发生分离。但是，不久爆发的朝鲜战争却给丰田带来了喜讯，美军大量的卡车订单使丰田汽车公司起死回生。这对于亲身体验了产销分离痛苦的丰田英二来说，自然希望回到以前产销一体的体制。但是事情并非那么简单，工业公司和销售公司分离的体制已经形成，当时负责技术部门的董事丰田英二深知即使他提出重新合并的建议，在当时也是行不通的。

丰田英二在确定丰田的未来发展方向时，决断很慢，这是因为丰田英二在深思熟虑考察各种条件的同时，还要衡量各方面的利益是否均衡。他认为条件不成熟，即使勉强行事也是失败的，他只有耐心地等待。

直到20世纪80年代初，丰田的两家公司才终于结束了长达32年的产销分离，诞生了全新的丰田公司，丰田英二的等待终于有了丰硕的成果。

在处理丰田赴美建厂一事上，丰田英二也同样小心思考，着眼长远。丰田进军美国，在日本汽车厂商中，是继本田、日产之后的第三家，为此不少人抱怨为时太晚。会长丰田英二和社长丰田章一郎的问答是："我们在耐心等待，我们的行动并没有落后。"由于采取了谨慎的战术，丰田公司最终顺利地打入了美国汽车市场。

许多成功者，如丰田英二和丰田章一郎，他们与失败者的唯一区别，往往不是更多的努力，或更聪明的头脑，只在于他们能耐心等待，多坚持了一会儿。

人生有很多梦是遥不可及的，但只要敢于相信，并坚持到底，就有可

能实现。人类历史上那些文化丰碑，都是曾经也是平凡人的巨匠们呕心沥血多年，坚持而筑成的：玄奘去印度求取真经来回19年；宋应星著《天工开物》18年；李时珍著《本草纲目》30年；徐霞客著《徐霞客游记》30余年；法布尔著《昆虫记》30余年；歌德写《浮士德》前后60年；达尔文著《物种起源》22年；摩尔根著《古代社会》40余年；马克思著《资本论》40年。

你可能不敢奢望有这么大的建树，但不论你希望做成什么，你并不需要什么，你只需要每天坚持进步1%，长此以往，你二年就会进步500%。贫困的人不必羡慕富者，因为，你只要时常抱着富于使用、富于享受的观念，你不主张像守财奴那般看重钱财，你也不主张像大富翁那般强迫平民，你但愿有了些钱，能够多做一些造福于民的善事。那么，深信你所愿望的东西，它一定可以被你得到。美国拿破仑·希尔说："不懈努力，幸运之门就会打开。"

人生感悟

成就决非一夕之功。你不会一步登天，但你可以逐渐达到目标，一步又一步，一天又一天。别以为自己的步伐太小、无足轻重，重要的是每一步都踏得稳重，这才是成功的康庄大道。如果你想成功，只要你肯为此尽心尽力，你一定不会落空。

暂时的付出是为了长远的收获

成功一定要先付出，只要付出，就会有收获。要想收获什么，就要看你先付出什么。这是永远不变的做事定律。

战国时，齐国的孟尝君是一个以养士出名的相国。由于他待士十分真诚，感动了一个具有真才实学而十分落魄的士人，名叫冯谖。冯谖在受到孟尝君的礼遇后，决心为他效力。

一次，孟尝君叫人到其封地薛邑讨债，问："谁肯去？"冯谖说："我愿意去，但不知用催讨回来的钱，买些什么东西？"孟尝君说："就买点我们家没有的东西！"冯谖领命而去。到了薛邑后，他见到老百姓的生活十分

穷困，听说孟尝君的讨债使者来了，均有怨言。于是，冯谖召集了邑中居民，对大家说："孟尝君知道大家生活困难，这次特意派我来告诉大家，以前的欠债一律作废，利息也不用偿还了，孟尝君叫我把债券也带来了，今天当着大伙的面，我把它烧毁，从今以后，再不催还！"说着，冯谖果真点起一把火，把债券都烧毁。薛邑的百姓没有料到孟尝君是如此仁义，一个个感激涕零。

冯谖回来后，孟尝君问："你讨的利钱呢？"冯谖回答说："不但利钱没讨回，借债的债券也烧了。"孟尝君便大不高兴，冯谖对他说："您不是叫我买家中没有的东西回来吗？我已经给您买回来了，这就是'义'。焚券市义，这对您收归民心是大有好处的啊！"

果然，数年后，孟尝君被人谮谗，齐相不保，只好回到自己的封地薛邑。薛邑的百姓听说恩公孟尝君回来了，全城出动，夹道欢迎，表示坚决拥护他，跟着他走。孟尝君至为感动，这时才体会到冯谖的"市义"苦心。

这就叫"好与者，必多取"，小的损失可以换取大的利益。

获得长远发展的秘诀在于付出。作为这个社会的一分子，如果我们的所想、所说、所行，不仅能丰富自己的人生，同时还可以帮助别人，那种心情是再令人兴奋不过了。我们常常被那些为了追求人生最高价值之人的故事所感动，他们无条件地去关心别人，带给人们极大的幸福。你也许看过根据雨果的名著《悲惨世界》拍摄的音乐片，被电影里的主人翁冉·阿让的故事感动得热泪盈眶。

他为人们的幸福付出了很多时间、精力。每天我们都应该好好思考一下，到底能为人们做些什么事。别只想到自己的好处。

许多人一生下来什么都不会，就只会提出要求。跟别人要求就像个无底洞，永远是不满足的。

但是当你学会了付出，你的人生就开始活了起来。我们人生里许多问题的产生，就在于等待别人先表示。有一对夫妇不和，先生指责太太不温柔，太太指责先生不体贴。你知道他们之间问题的症结何在？原来他们都在等待对方先表示对自己的感情。要想维系良好的关系，你就得先付出，并且持续不断地付出，千万别停下来光等待对方的付出。如果你只想等待，那么这场戏就唱不下去了。

感情的维系犹如种植果树。如果你跟土壤说："给我水果吧!"土壤一定会说:"抱歉,你不是昏了头吧?要水果就是这种要法?"这时土壤可能会告诉你先撒下种子,然后浇水、施肥、除虫、细心照顾,迟早有一天会有水果的。

你看就是这样不断地付出,不断地施肥浇水,土壤最后必然结出果实来。其实人生又何尝不是如此呢!

不管你有多少钱、多大的公司、多广的土地,如果你只为自己着想,那根本就算不上成功,算不上能干,也算不上富足。就算你攀上了"成功之巅",那也只会使你高处不胜寒。

人生感悟

成功是人人所盼望的,如果你想美梦成真,那就得把成功看成是一个人生的过程、一种生活的方式、一种心灵的嗜好、一种生活的策略。

做人不能太精明

智者说"出头的椽子最先烂",真是一点都不假。君不见,一年四季,风吹雨淋,年复一年,日久天长,出头的椽子先烂是自然而然的了。在现代社会中,类似的事情很多,可以说大多数人都深有体会。

一个事业有成、春风得意的人,难免会锋芒毕露。若不知收敛,一味耍小聪明,甚至逞强斗勇,定会伤及上下左右,最终落个聪明反被聪明误的下场。如果糊涂一点,大智若愚,藏巧于拙,在得意时放低姿态,虚怀若谷,才能听得进有益的言语,才能管理好身边的人和事,才能使自己处于一个有利的人际环境中,而且也为最后取得胜利奠定了基础。因此,韬光养晦、糊涂办事,自古就被智者们视为处世之道。

太精明的人,不仅惹人讨厌,也会短命。所以,人生处世还是糊涂些为好,以免聪明反被聪明误。

春秋战国时期,郑庄公准备伐许。战前,他先在国都组织比赛,挑选

先行官。众将一听露脸立功的机会来了，都跃跃欲试，准备在主公面前一显身手。

第一轮进行击剑格斗，众将领们都使出了浑身本领，争先恐后。经过轮番比试，选出了6个人来，参加下一轮射箭比赛。在射箭项目上，取胜的6名将领各射3箭，以射中靶心者为胜。有的射中靶边，有的射中靶心。第5位上来射箭的是公孙子都。他武艺高强，年轻气盛，向来不把别人放在眼里。只见他搭弓上箭，3箭连中靶心。他昂着头，瞟了最后那位射手一眼，退下去了。最后那位射手是个老人，胡子有点花白，他叫颍考叔，曾劝庄公与母亲和解，立有大功。颍考叔上前，竟然也是三箭连中靶心，成了公孙子都的唯一一个对手。

赛场上只剩下两个人了，庄公派人拉出一辆战车来，说："你们二人站在百步开外，同时来抢这部战车。谁抢到手，谁就是先行官。"公孙子都轻蔑地看了对手一眼，哪知跑了一半时，公孙子都却脚下一滑，跌了个跟头。等爬起来时，颍考叔已经抢车在手。公孙子都哪里服气，提了长戟就来夺车。颍考叔一看，拉起车来飞步跑去，庄公忙派人阻止，宣布颍考叔为先行官。因为这件事情，公孙子都一直嫉恨着颍考叔。

做了先行官的颍考叔当然没有让庄公失望，在进攻许国都城时，手举大旗率先从云梯冲上许都城头。眼见颍考叔大功告成，公孙子都嫉妒得心里发疼，竟抽出箭来，搭弓瞄准城头上的颍考叔射去，在毫无防备的情况下，不可一世的颍考叔竟然死在了自己人的手里。

这种悲剧的发生就是在告诉人们，做人切忌恃才自傲，不知饶人。锋芒太露易遭嫉恨，更容易树敌。颍考叔的死就是因为他锋芒毕露的缘故。当今社会，此理仍然可行。你不露锋芒，可能永远得不到重任；但是，若你锋芒太露又容易招人嫉恨。当你施展自己的才华时，也就埋下了危机的种子。所以才华要适可而止地显露，尤其是在嫉妒心强的人面前更要小心谨慎。

所以，无论你有如何出众的才智，请一定要谨记：不要把自己看得太重要。作为一个人，尤其是作为一个有才华的人，要做到不露锋芒，既有效地保护自己，又能充分发挥自己的才华，不仅要说服、战胜盲目骄傲自大的病态心理，凡事不要太张狂、太咄咄逼人，不然古人怎么说谦虚让人是一条重要的做人美德呢？

做事

——用专注为成功铺路

北宋太平兴国年间，宋太宗赵光义在宫中设宴，让殿前都御孔守正与左骁卫大将军王荣前来陪同饮酒，酒过三巡，菜过五味。没有多长时间，二人便喝得酩酊大醉。

趁着酒劲儿，二人竟在皇帝面前争论起各自在边境建立的战功，分别强调自己发挥的作用，互不相让，唇枪舌剑，终于吵得不可开交。

更为过分的是，这二人竟然在天子面前破口大骂，污言秽语不堪入耳，这种行为严重违反了宫廷礼仪，冒犯了皇帝的龙颜，大臣们在惊异之际，纷纷请求将他们交刑部，按法律规定惩处，但太宗没有同意，只是命人把他们二人各自送回家中。

孔守正和王荣回到家中就倒头便睡，待第二天酒醒以后，忽然想起昨夜饮酒时违反了律条和宫廷礼节。于是他们赶忙同赴金殿承认罪过，自请处分，不料，赵光义轻描淡写地说："是吗？你们有所不知，当时我也喝得大醉，你们说没说我也不太清楚啊！"

身为九五之尊的宋太宗，对昨夜的事情矢口否认，对孔守正、王荣二人不遵守礼法的行为也不追究，这种表现，既让孔守正、王荣感到意外，更对皇上感激涕零。从那以后，他们誓死忠心报答君王，毕生为国效劳，群臣眼见皇帝如此宽宏大量，爱护臣僚，竟然越加敬佩这位天子了。

贵为一国之君，都可以对臣下做到"难得糊涂"，一般人又有什么理由不这样做呢？何况，这种赢得人心的方法又如此简单易行。

三国的大军事家司马懿，本来是个老谋深算、绝顶聪明的人，却总喜欢装糊涂。当年他在五丈原，凭借一套大智若愚、软磨硬泡的阴鸷功夫，终于拖垮了老对手诸葛亮，居功至伟，在朝内也权倾一时。正因为功高震主，少不得引来同僚的妒忌和朝廷的猜疑。这种情况下，司马懿干脆装起糊涂来，以病重为由长期在家休假，给人制造一种他不久人世的假象。

尽管如此，对手们还是不放心，派了个人以慰问病情为由刺探司马懿的虚实。司马懿干脆将计就计、顺水推舟，真的装出一副日薄西山、气息奄奄、病入膏肓的样子，接待来使，演出了一幕生动的话剧。在司马懿的策划下，来人果然被蒙骗过去了，回去就说司马懿病势沉重，将不久于人世，于是司马懿的政敌们终于放松了警惕。就在这个时候，司马懿暗中培植羽翼、广罗亲信，神不知鬼不觉地布置自己的两个儿子抓住了京师禁军大权。后来瞅准时机，发动了"高平陵之变"，几乎将曹家的势力一网打尽，至此魏国大权尽数落入司马家族。

人生感悟

过于精明，不是一种大丈夫的气度，小事糊涂，大事精明，才是一种放眼未来的襟怀，才是一种超越俗世的大智大勇。正是"难得糊涂"的警醒，才能使人们在纷争世界里，闲看庭前花飞落，漫随天外云卷舒；才能宠辱不惊，去留无意；是非得失，皆在心外，敞开心扉，真诚对待。不患得患失，方是健康、积极、明智的人生态度。

低头是稻穗，昂首是莠稗

经风一吹便低头弯腰的草，其实是饱经风霜，通过无数次考验的坚韧的草。所谓"低头是稻穗，昂首系莠稗"，越成熟的稻穗，垂得越低，只有坏稗麦头才抬得高高的。人生何尝不是如此。低头弯腰，谦让谨慎保护了自己，强硬只能使自己夭折得更快。现实生活中，很多人都会碰到不尽如人意的事情。需要你暂时退却，这时候，你必须面对现实。

曾经有人这样问过苏格拉底："据说你是天底下最有学问的人，那我请教一个问题：请你告诉我，天与地之间的高度到底是多少？"苏格拉底微笑着答道："3尺。""胡说，我们每个人都有四五尺高，天与地的高度只有3尺，那人还不把天给戳出许多窗口。"苏格拉底微笑着说："所以，凡是高度超过3尺的人，要能够长久地立足于天地之间，就要懂得低头呀！会低头的人才可以更好的存活于世间。"

这个精辟的回答道出了人生的真谛：懂得适时低头，生活才可更完美。知名的美国政治家富兰克林，有一次去拜访长者，到长者住所时，因为房门太小了，头不小心撞在门框上，富兰克林痛得掉下眼泪，长者在一旁笑说："是不是很痛？此行你最大的收获应该就是这个吧。一个人想立足于世间，要过得平安顺利，就得要常常低头，放下身段，你一定要记住这个痛

的教训，它将带给你人生中最大的利益。"富兰克林牢牢记住长者的教训，从此把"低头、谦逊"列入生活准则。20岁时，就创立了沉默、规律、节约、勤勉、诚实、正义、中庸、清洁、养生、平静、纯洁、决断、谦虚著名的13训。低头，对他成为一代伟人着实是起了功不可没的作用。

"刚柔并济、能屈能伸"从来不失为男子汉大丈夫的气度和风范。古有明训"伸手不打笑脸人"，真正的强不是用强，而是用柔。要想进入一扇门，就须低头比门框矮；要想登上成功的顶峰，就得弯腰做好攀登的准备。行事能低头，事情会更顺畅；低姿态可避免嫉妒障碍。放下身段才能与人和平相处。正如一时的低头是为了长久的抬头，暂时的退让是为了更好地前进。学会低头，拥有谦逊的美德，确实是人生学习的功课，也是做人最大的收获。

人生感悟

懂得低头，也就懂得了审时度势，把握全局，忍小谋大。学会低头，就能顺利跨越生活中意想不到的低矮"门框"而免受无谓的伤害。

能屈能伸好办事

自古以来，能屈能伸的例子不胜枚举。

春秋时期，吴越是邻国，相互之间常有征战。越国国王勾践刚刚即位，就与吴国展开了一场激战，依靠着出色的谋略和战术布置，再加上对方轻敌，越国以少胜多，大败吴国。但是吴国毕竟国力强盛，吴王夫差重整旗鼓，两年后一举打败了越国。兵败后的越国岌岌可危，在强邻的剑峰下，已经到了生死存亡的边缘。

勾践此时面临着两难的选择：宁为玉碎，不为瓦全，战斗到底的话，结局是肯定的，那就是越国灭亡；如果向吴国表示投降、服输，也许还有东山再起的机会，但是这个过程可能极其漫长，希望也极为渺茫。

考虑再三，勾践决定向吴国屈服。于是勾践找人说服了吴王，表示愿意作为奴仆，带着妻子和大臣范蠡去吴国伺候夫差，为自己和越国保留了

一线机会。

在吴国，勾践三人受尽羞辱，他们吃的是粗茶淡饭，穿的是粗布单衣，住的是一座冬天如冰窟、夏天似蒸笼的烂石屋，每天的工作就是为夫差喂马。夫差出行时，还要求勾践在车前为他牵马。每当勾践从人群中走过，就会遭到众人的讥笑："看，这就是越国国王勾践，昔日的国君，现在只是吴国的一个马夫。"这样的生活一直持续了三年。

一次夫差病了，勾践前去探望。正好赶上夫差大便，待吴王出恭后，勾践尝了尝吴王的粪便，便恭喜吴王说他的病即将痊愈，请夫差宽心。

或许勾践真的精通医道；或许勾践是在奉承吴王；或许是上天垂青勾践给他东山再起的机会。总之，夫差在勾践探望过后，病情果真好转了，而且很快就痊愈了。这件事彻底改变了夫差对勾践的看法，因而也转变了勾践的命运。夫差认为勾践对自己忠心耿耿，经过这三年的磨难已经放弃了复兴越国的想法，便将他放回了越国。

回到越国以后的勾践卧薪尝胆，十年生息，十年练兵，在精心准备了二十多年以后，趁着吴王夫差带领精兵去与列国争霸的时机，突然发动进攻，一举灭掉了吴国，并迫使吴王夫差自杀身亡。

现实生活中，人们在办事过程中也会遇到困难和挫折，但是相比较勾践复国而言，可谓不值一提。所以，在遇到困难的时候，不要一味地抗争，执著于向前看，不妨退一步，适当妥协一下，也许事情就会有了新的变化，产生转机。

美国独立战争以后，各州代表在费城举行制宪会议，为了制定一部能够让人满意的宪法，代表们讨论得相当激烈。由于都是英国的海外殖民地，刚刚获得独立的各个州之间并没有特别紧密的联系，再加上出席者人种、宗教、利益等方面的差异，会议从一开始就充满了火药味，弥漫着互不信任的气氛。与会人员为了维护自己所属的权益，可谓寸土必争，言词非常尖锐，甚至还有人身攻击。

这是一次极其艰难的谈判，与会人员很难在宪法上达成一致的意见，赞成和反对的观点长期相持，谁也没有办法说服对方，眼看谈判即将破裂的时候，年龄最大的代表、已经八十高龄的富兰克林一席发言改变了局势。

富兰克林很诚恳地说，对于这部宪法的一些内容，他到现在也难以认

同，但他自己并没有把握会永远不同意。相反，他从自己一生的经历中得到一个确切的体会，那就是无论一个人多么睿智和渊博，都不可能是一贯正确的。所有参加会议的人，不管是这一次还是下一次，每个人固然会带来自己的智慧，但也不可避免地会带来他的偏见、错误观念以及利害关系，如果每个人都从自身利益出发，那么无论召开多少次制宪会议，都不可能制定出一部让所有人都赞同的宪法。从这一点来说，他同意这部宪法，尽管它并不完美。他也希望持反对意见的代表能够稍稍怀疑一下自己的"正确主张"，与大多数人站在一致的立场上，在这个文件上签下自己的名字，然后把结果交给事实去证明。

富兰克林的观点代表了很多人的想法，持反对意见的代表们纷纷表示接受，毕竟僵持下去也没有结果，而实践也许会给出最好的证明。于是在经历了几个月后，与会的绝大部分代表们抱着肯定或者怀疑的心态投了赞成票，他们也想让时间来验证一下自己的观点是否正确，就这样，美国的宪法终于顺利通过。

二百多年过去了，这部宪法依旧发挥着它不可替代的作用，它用事实证明了自己的前瞻性和正确性。试想一下，假如富兰克林和出席费城制宪会议的各州代表们如果没有做出适当的妥协和退让，那么人类历史上第一部成文宪法的出台也许不知道要等到什么时候，也因为这个缘故，后人把美国宪法的诞生称为是"伟大的妥协"。

人生感悟

　　能屈能伸好办事，任何一件事情，如果一味强调好的一面，一味地坚持，结果很可能适得其反，而适当的妥协和退让，看似倒退，其实是为了更好地前进。

第二篇

通晓人情好办事

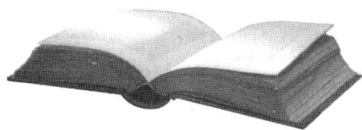

办事离不开"人情定律"

古人说："世事洞明皆学问，人情练达即文章。"每个人办事都离不开"人情定律"，不懂通晓人情是不可以的，因为，人情是无根的东西，想要固定它，就必须牢牢地把握它。

通晓人情，就是要有一种设身处地、将心比心的情感体验的态度。从正面讲，就是要"己欲立而立人，己欲达而达人"。就好像肚子饿了要吃饭，应该想到别人肚子也饿了，也要吃饭；身上冷了要穿衣，应想到别人也与你一样。懂得这些，你就要"推食食人"、"解衣衣人"。刘邦就知道这种道理，所以他在韩信眼中是个通晓人情的人，并且刘邦还使韩信欠下自己的人情债不忍背叛。

汉王四年，韩信平定了齐国，他向汉王刘邦上书："我愿暂代齐王。"刘邦大怒，转而一想，他现在身处困境，需要韩信，就答应了。韩信力量更加壮大。齐国人蒯通知道天下的胜负取决于韩信，就对他说："相你的'面'，不过是个诸侯；相你的'背'，却是个大福大贵之人。当前，刘、项二王的命运都悬在你手上，你不如两方都不帮，与他们三分天下，以你的贤才，加上众多的兵力，还有强大的齐国，将来天下必定是你的。"

韩信说："汉王待我恩泽深厚，他的车让我坐，他的衣服让我穿，他的饭给我吃。我听说，坐人家的车要分担人家的灾难，穿人家的衣服要思虑人家的忧患，吃人家的饭要誓死为人家效力，我与汉王感情深厚，怎能为个人利益而背信弃义。"

过了几天，蒯通又去见韩信，告诉他时机失去了便不再来，韩信犹豫不决，只因汉王对他情深义重。

姑且不论刘邦以后为什么处死了韩信，但就人情事故而言，刘邦很成功，他能令韩信在想到背叛时心中产生愧疚，不忍去做。

通晓人情从反面讲，就是要"己所不欲，勿施于人"。你爱面子，就别伤别人面子；你要尊重，就不能不尊重别人。"只许州官放火，不许百姓点灯"的事，也不是没有人做。

项羽就是其中之一。虽然他有"霸王"的美称，却只有霸者的习气，没有王者的风范。他自己想称王，却想不到手下的弟兄也想做官。该赐爵的时候，爵印就在他手中，棱角都磨损了，他还是舍不得颁发下去。

因此，与其说项羽败给刘邦，还不如说他输给了人情。

人生感悟

通晓人情还不够，有的人既通又晓，但自视清高，懒得做。人情是做出来的，需要有广泛的人缘。

有人缘的人，才会广交朋友，受人欢迎。

办事要看对方的性格

三国时，诸葛亮北伐中原，率军队占领了五丈原。魏都督司马懿说："我早料到孔明会以五丈原为根据地，稳扎稳打，步步为营。眼下我军只要坚守，疲劳蜀军，最后我军必胜。"于是司马懿在渭南寨内坚守不出，任诸葛亮多次挑战，一概不理。

一日，诸葛亮派使者送了一只装满女人衣物的大盒到司马懿帐前，道："都督这样束手束脚，不敢应战，和女人的行为又有什么两样呢？"司马懿大怒，正待发作，转念一想：我差一点儿上当，这不是诸葛亮的激将法吗？于是，他立即压下怒气，高高兴兴地接受了这些东西。

魏军将领听说诸葛亮送来女人衣物以示侮辱，个个摩拳擦掌，纷纷向司马懿请战。司马懿说："天子命我坚守不出，如果诸位定要出兵，待我上奏朝廷再说。"

诸葛亮闻讯后，长叹一声道："这是司马懿故意拖延时间，疲劳我军啊。"

魏、蜀两军对峙五丈原良久，最终难决胜负，可是诸葛亮却因病去世，北伐中原失败，留下了千古遗憾。

北伐中原时，诸葛亮用计为啥失败？这是因为他不了解司马懿善于隐忍的性格特点。

司马懿正是知道诸葛亮遇事谨慎精明的性格，他所做的一切都是为了激自己出阵应战，故坚守不出，从而达到疲劳蜀军，最终获胜的目的。所

以，要想办好一件事，了解对方的性格，是第一的任务。只有了解对方的性格，办起事来才能得心应手，才容易取得成功。

383年，前秦统一了黄河流域。秦王苻坚性格高傲，是个骄狂之辈。他坐镇项城，因势力强大，准备调集90万大军，一举歼灭东晋。他率军抵达淝水一线，见东晋阵势严整，立即命令坚守河岸，等待后续部队。东晋大将谢石看到敌众我寡，认为只能速战速决。

怎样才能使苻坚迎战呢？他知道苻坚骄狂的性格后，便决定用激将法激怒他。很快，他派人给苻坚送去一封信，说道："我要与你决一雌雄，如果你不敢决战，还是趁早投降为好；如果你有胆量与我决战，你就暂退一箭之地，让我渡河与你比个输赢。"苻坚阅信大怒，决定暂退一箭之地，等东晋部队渡到河中间，再回兵攻击，将晋军歼灭在水中。此时秦军士气低落，撤军令一下，军队顿时大乱，指挥失灵。

秦军争先恐后，人马冲撞，乱成一团，如潮水般形成溃退之势。苻坚几次下令停止退却，均已无效，这时谢石指挥东晋兵马迅速渡河，乘敌人大乱，奋力追杀，前秦大败。前秦先锋苻融被东晋军在乱军中杀死，苻坚也中箭受伤。

这就是历史上著名的淝水之战。东晋大将谢石抓住苻坚狂傲自大的性格，用激将法让其就范，然后抓住战机，以少胜多，一举击溃了敌人。

针对不同的性格的人采用不同的办事策略，则容易成功。

一、性格固执狭隘者

性格固执狭隘的人，为了坚持自己的意见和主张，很难听取别人的建议。如果想让他办事，就必须顺从着他的意思，巧妙表达自己的意思，使他明白你的心意，再求他办事则不难了。

二、性格急躁者

求性格急躁的人办事，倘若他朝你发火，你亦对他发怒，就无疑是火上浇油，办事的计划就会泡汤；如果能够保持冷静，微笑地同他沟通，就等于下了一场甘霖，能够熄灭他心中的怒火，使他乐于帮助。

三、性格孤独沉默者

如果遇到性格孤独沉默的人，得学会走进他的心灵，真诚理解他。只有这样，求他办事，他才能帮助你。

当然，在实际生活中，我们办事时所遇到的人不仅是以上三种性格，这需要我们根据具体的性格，采取不同的策略，以期他们帮你顺利办事。

世上没有两片完全相同的树叶，也不会有两个完全相同性格的人。人的性格各种各样，相同的性格又有不同的个性侧面。一个人要想求人办事，了解对方的性格至关重要。只有了解对方的性格，才能做到知己知彼，百战不殆，办事才能成功。

学会洞察对方的性格

办事的学问非常深奥。试问，你不会办事，怎么可能成事？当然，办事首先要洞察你面前的人的性格。

对一些特殊人物，比如十分聪颖的人或十分虚伪高傲的人，要想能操纵他、制服他，首先必须洞察他的性格。以此找到突破口。

勃伦狄斯曾向我们讲过芝加哥巨商费尔特测验他的情形：

为了找到一份称心如意的工作，年轻的勃伦狄斯向费尔特自荐。费尔特有一种习惯，就是对所有求职自荐的人都亲自接待，一一洽谈。

后来勃伦狄斯惊讶地说："我从未见过像费尔特这样细心的人，他问出的那些细小的问题简直令人难以置信。费尔特知道我曾在家乡的小镇当过骡夫，于是他连我饲养过的骡子的名字也细细过问。"

费尔特如此细心地去品评、洞察他人，主要是要了解他所雇用的人的特点。正如他本人所说："如果我不亲自去品评、了解、认识他的性格、特点及能力，我将把何种事情交给他做呢？我又怎样去借助他们为我的公司效力呢？"

大凡伟人或名人，都常使用许多很巧妙的方法，去测量、洞察别人的性情和能力。

在此我们所要了解的是领袖人物究竟凭借着何种证据，以确定他对人的判断？换句话说，他获取于人的，究竟是些什么？

不少有能力的人，常怀有一种隐秘的技术，以评品他人的性情、了解他人的特点、掌握他人的苦乐和嗜好。这种技术，在一般人看来很玄妙，

其实也很平常。

伟人或一般的精明强干的人，只不过对别人常常忽略的琐碎处都非常留心与注意罢了。而事后他们所依据的，便是人们性情中表现出的这人过去做过什么。现在在做什么，将来会做什么，以便采取相应的对策，制胜于他人。

总而言之，他们要把他人在一定环境之下的行为细心地观察出来。这种对细微之处的特别留神，用心之苦，用力之勤，是常人难以做到或者不愿去做的。

当我们观察一个人时，应当留心：他全神贯注的是什么？他常常忽略的是什么？他喜怒忧愁的是什么？什么事情能使他震惊？他骄纵或发脾气又是为了什么？倘若我们能将他人上述的这些特点觉察出来，我们就能了解、掌握或操纵这个人，明白在某种环境之下，这个人估计会出现怎样的感觉和行动。

比如说，某人有了困难，他害怕吗？他会战胜它吗？他想把责任推在别人身上吗？他的名誉观念会让他勇于承担责任并想方设法来保护与此事有关的旁人吗？所以，这人究竟如何去做，我们一下子是很难断定的。但是，如果我们事先对此人就有所观察和了解，至少可以在他以往的情形之下，根据他所经历的或者干过的事情寻找线索，找出他对此类问题的可能反应。

一般人都有某种程度上的相似之处，他的动作、表情以及情感已形成某种特殊场合下的固定习惯，这些习惯还可能是控制他的为人的条件。这些习惯可以说是一个人的特性，而这种特性常常包含在他的动作、姿势、变化的面部表情以及语言与声调里。有的时候人们虽然有明显的动作，但他们常在不知不觉中把真正的情感流露出来。

我们曾见到了一个人，每当他恼怒动气时，总是张口打呵欠，或者假装打呵欠，而旁人一见他这个样子便大笑或微笑起来，因为人家早已知道他在恼怒动气了。还有些人，每逢烦闷或不顺心时，总喜欢将手放在衣袋里，旁人一见此情景，便知道了他此刻的心境，也避免与他作更多的谈话，以免他烦中生烦。

人生感悟

有些自以为聪明的人，常常将他的天性和情感藏而不露，可是有时

候当他们自己还未意识到的时候，早已被细心的观察者看得一清二楚了。人们也从中找到了突破口。

学会区分小人和君子

东汉末年，刘备和许汜闲谈，谈到徐州的陈登时，许汜说："陈登文化教养太低，不可结交。"

"你有根据吗？"刘备感到惊异。

"当然有，"许汜说，"头几年，我去拜访他，谁知他一点诚意也没有，不但不理人，而且天天让我睡在房角的小床上。"

刘备笑着说："他这样做是对的。你在外边的名气大，人们对你的要求也就高了。当今之世，兵荒马乱，百姓受尽了苦。你不关心这些，只打听谁家卖肥田，谁家卖好屋，尽想捞便宜。陈登最看不起这样的人，他怎么会同你讲心里话？他让你睡小床，还算优待哩。若是我，就让你睡在湿地上，连床板也不给的。"

了解、识别好人的办法有七种：一是通过搬弄是非、挑拨离间来了解其立场；二是追根问底地进行追问以了解其应变、答辩能力；三是通过询问计谋来了解其学识；四是告诉危难情况和灾祸来了解其胆量和勇气；五是用酒灌醉后来了解其修养；六是给予其得到财物的机会以观察其是否廉洁；七是嘱托其办事以观察其是否守信用。

要想区别谁是小人、谁是君子，千万不能靠赏赐和加封晋爵来达到目的。要知道，赏赐和加官晋爵是小人所追求的目的，为了达到这个目的，他们是不择手段的，往往会蒙蔽执政者，伪装成君子的样子。既然君子之志不在于封赏，那么在君子做出业绩之后，你可以用表扬、激励他的方法，让他感受到你的信任、欣赏，这就足够了。

如果过了一段时间，他没有因为你不提拔他而闹情绪，就说明他具备了真君子的条件，到那时，你尽可以放心大胆地任用他，不用担心他会带给你小人的烦恼。

小人最擅长的手腕是阿谀奉承，他们这样做的最终目的是为了从执权者身上得到回报，一旦他们取得执权者的信任或任命，就会很快地使自己

的羽毛丰满起来，到那时，他们的真实嘴脸就会暴露出来，说不定会对有知遇之恩的执权者反咬一口。

所以凡是诚心要干事的人，一定要留意自己身边一味顺着自己的意志说好话的人，切不可因为他说的都是自己爱听的话就重用他、提拔他，那样做无异于养虎为患。

 人生感悟

　　君子本是品格、道德、学问极高之人，且足以为民众之表率。但是若表面伪装得一副道貌岸然、自命清高的模样，暗地里却做着违反常伦、伤天害理、阴险狡诈的事情，便是个令人寒心的伪君子。

　　因为小人之为恶，是明显易知的事，人们可以心存防范之意，而不至于被骗或受到伤害。但是伪君子便不同了。他明里是个君子，使人们信任他，而疏于防范。但他背地里所施行之不义恶行，反而使我们所受到的伤害更大。

善于以习性识人

　　办事时要善于以习性见人，这样你就不会陷于盲目中。主要有两点：

　　一、从前兆看人。俗话说，一叶可知秋。任何事情在局势明朗之前，肯定都会有其前兆。达尔文在剑桥神学院读书时，是个平庸者，植物学教授汉罗斯却看出达尔文有着特殊的才能，因而力保他随贝格尔舰进行环球科学考察，从而使一个"平庸"者成为举世瞩目的科学家。可见具有慧眼的人会根据细微之处能正确判断出事态的发展而采取相应的行动。要想获得成功就必须把自己培养成形势判断的高手，从而把行动的主动权牢牢掌握在自己手中。

　　唐代宗时，刘晏在扬州设立造船厂，凡造船一艘就付给很丰厚的报酬。有人提出造船的实际费用不到所付工钱的一半，所以应该减少。刘晏说："不，计划大事业不能计较小的花费，凡事必须考虑到长久的利益。现在造船厂刚刚建立，管事的人很多，应当让他们在私人花费上不太窘迫，

这样公家的财物才不会受损失。如果斤斤计较，不是长久之计啊！"刘晏说得很对，大事业不能计较小花费，以俸养廉才是长策。

二、从习惯看人。明代周忱巡抚江南时，随身携带一个笔记本，用以记录每天所做的事，即便是很小的事情也不遗漏，比如每天的阴、晴、风、雨等都详记下来。开始人们都不明白他的用意。有一天，一个人来报告，说运粮的船在江上被吹走了，找不到了。周忱就问那个人丢失粮船是哪一天，是午前还是午后，当时刮什么风。结果报告的人回答得颠三倒四，周忱翻开日记本和他对证，那人大吃一惊，只好招出了自己私扣粮船的罪行。可见细心缜密方能防患。

人生感悟

习相近，性相远。明晓人的习性更有益于办事。

善于沟通，难事也好办

人都生活在一个社会群体中，交际就成了人们办事的一根纽带。大量的事实证明，一个善于沟通的人，办事成功的机会肯定比不善沟通的人多。

在春秋战国时代，苏秦用三寸不烂之舌游说燕、赵、韩、魏、齐、楚六国，使六国订立了合纵抗秦的盟约。三国时的诸葛亮舌战群儒，扬名天下，为火烧赤壁起到了决定性的作用。当时他们所面临的情况十分艰难，对手个个不好对付，但他们靠着自己的三寸不烂之舌，巧妙和别人沟通，最终取得了赫赫成果。

历任蒙古成吉思汗、窝阔台汗两代的大臣耶律楚材，是善于沟通、凭着三寸不烂之舌说服对方，办成难事的交际高手。

1232年，窝阔台汗派大将速不台率领蒙古大军攻打金国首都上京，遭到金军顽强抵抗。

按照蒙古军惯例，凡攻打一座城市遇到对方抵抗时，攻克后就要屠城，即杀尽全城军民，彻底毁掉此城。

第二年，速不台报告窝阔台汗：上京即将攻下，他将依照惯例屠城。当

时刚任蒙古汗国中书令（相当于丞相）的耶律楚材闻讯大惊，为保全古城，挽救城中百姓的生命，他急忙赶往宫中，力谏窝阔台汗："我们蒙古大军浴血奋战几十年，还不是为了要土地和百姓？如果杀尽百姓，仅得土地又有何用？"

窝阔台汗听后怦然心动，但还是下不了废除屠城旧例的决心。

耶律楚材见窝阔台汗举棋不定，便又奏道："上京城里集中了中原的能工巧匠和各类珍宝，一旦屠城，这些无价之宝将荡然无存！"

窝阔台汗听到这里，再也坐不安稳了，便立即下令废除沿袭已久的屠城旧例。

就这样，耶律楚材寥寥数语不仅保全了上京城里一百四十多万军民的生命，而且由于废除了屠城的旧例，也使更多人的生命免受涂炭。

由此可见，求人办事时巧妙沟通的作用非同小可。既然沟通于治国安邦如此重要，那对求人办事的重要性就更不容小觑了。

巧妙沟通，求人办事要注意以下三个方面。

一、与人沟通要有礼貌

语言作为信息的第一载体，力量是无穷的。在求人办事时，语言是最简便、快捷、廉价的传递信息手段。一个说话得体、有礼貌的人总是受欢迎的。

二、与人沟通时要简明扼要

现代信息社会的发展，要求人们办事的效率越来越高。于是要求人们充分节约时间，简明扼要，能一分钟讲完的话，就不应在两分钟内完成。同时高效率的办事要求，也迫使说话者应能说普通话，并且要说得有条理。

三、沟通者还应学会"人机对话"

信息社会，要求人们说话、办事时应学会"人机对话"，以适应高科技带来的各行各业的高自动化的要求。在日本和美国，已有口语自动识别机，用来预订火车票等。这些人工智能的发展，迫切要求人们办事时，不仅能说标准的普通话，更要求学会如何说话。

人生感悟

不重沟通，已难以适应办事要求，这迫使人们广交朋友，认真说话，通过说话创造效益，架设增进友谊的桥梁，从而取得办事成功的效果。

顺着别人意图办自己的事

　　顺着别人的意图来，首先是促成与对方合作的一个前提和推动力量，但更主要的，这样可以更加顺利地达到自己的目的。下面故事中的罗斯福没有直接说出自己的意思，而是顺着对方的意图，晓以利害，这样就使他们自觉地进到罗斯福的"圈套"里来了。可见，这确实是一种高明的办事手段，既能达到目的，又不露痕迹。

　　罗斯福做纽约州长的时候，完成了一项项特殊事业。一开始，他与其他政治首脑们感情并不好，但后来他却能推行他们最不喜欢的改革。

　　他是如何做的呢？

　　当有重要位置需要补缺的时候，罗斯福请政治首脑们推荐。

　　"最初，"罗斯福说，"他们会推荐一个能力很差的人选，一个需要'照顾'的那种人。我就告诉他们，任命这样一个人，我不能算是一个好的政治家，因为公众不会同意。"

　　"然后，他们向我提出另一个工作不主动的候选人，是来混差事的那种人。这个人工作没有失误，但也不会有什么很好的政绩。我就告诉他们，这个人也不能满足公众的期望，我请他们看看，能不能找到一个更适合这个位置的人。"

　　"他们的第三个提议是一个差不多够格的人，但也不十分合适。"

　　"于是我感谢他们，请他们再试一次。他们这时就提出了我自己选中的那个人。我对他们的帮助表示感谢，然后我说就任命这个人吧。我让他们得到了推荐人选的功劳……我请他们帮我做这些事，为的是使他们愉快，现在轮到他们使我愉快了。"

　　他们真的这样做了。

　　他们赞成各种改革，如公民服役案、免税案等，这使罗斯福工作愉快。

　　当罗斯福任命重要人员时，他使首脑们真正地感觉到，是他们"自己"选择了候选人，那个任命是他们最早提出的。

青春励志

做事

——用专注为成功铺路

让自己变得高深莫测

人们总是在努力判断和了解对手行动背后的动机，所以一旦做出一个超乎常理的行动，就会让他人落居守势，因为人们对自己不了解的人和事常常表现出心慌意乱。

美国内战期间，杰克森作为南军将领，率领一支由4600人组成的部队，让扼守申南多河谷的北军头痛不已。北军将领麦克莱伦率领的9万士兵对他们一点办法都没有。

在北军准备围攻南方政府的首都里奇蒙的时候，按理说南军一定会采取一些军事行动的，但是杰克森对北军的行动不管不顾，只是在申南多河谷打一枪换一个地方。

杰克森的举动实在令北方将领迷惑。麦克莱伦延迟了进攻里奇蒙的时间，就在他们想要弄清楚原因的时候，南军的援军很快就赶到了，南方陷落的危险也因此解除了。

每当杰克森面对兵力占优势的军队时，经常使用这套战略——"不合常理的事情总是能让人大吃一惊，"他说，"这样往往能够以少胜多，以弱胜强。"

大师通常是高深莫测的，但这并不是说处于劣势的人就不能采用这样的策略，恰恰相反，处于劣势的人如果能够充分利用这一策略，将会产生意想不到的效果。尤其在寡不敌众的时候，就更应该让自己的行为难以预测，这样会误导你的对手，让他以为你另有企图，从而产生错误的判断。

人生感悟

突变与不可测最让人担忧，因为它尽在预料之外，因此常常困扰人心。不可预测的事有两方面的功用：其一，它是令人畏惧的武器，那些

企图危害你的人会因此离你而去；其二，它可以让你周围的人为你心动，也会对你更感兴趣。他们会时常称赞你，对你的言论和行为做各种猜测和解释。这时，你在他们心中的分量就会加重，同时会得到更多的敬重，扩大你的影响力。墨守成规的人总是平凡无奇，若想出人头地就要出其不意地改变自己，让自己显得高深莫测。

不要轻易表露自己的真实意图

祖露之心犹如一封在众人面前摊开的信。要有潜藏隐秘的城府，巨大的空间和微小的沟壑均可让重要的事沉淀深藏。含蓄来自于自我控制，能够保持缄默才能取得真正的胜利。

俾斯麦35岁时，担任普鲁士国会的代议士，这一年是他政治生涯的转折点。当时奥地利是德国南方强大的邻国，曾经威胁德国如果企图统一，奥地利就要出兵干预。

俾斯麦一生都在狂热地追求普鲁士的强盛，他梦想打败奥地利，一举统一德国。他是个热血沸腾的爱国志士和热爱军事的好战分子。他最著名的一句话就是："要解决这个时代最严重的问题并不是依靠演说和决心，而是依赖铁和血。"

但是令所有人惊异的是，这样一个好战分子居然在国会上主张和平。其实这并不是他的真实意图，他连做梦都想着统一德国。

他说："没有对于战争的后果清醒的认识，却执意发动战争，这样的政客，请自己去赶死吧！战争结束后，你们是否有勇气承担农民面对农田化为灰烬的痛苦？是否有勇气承受身体残废、妻离子散的悲伤？"

在国会上，他盛赞奥地利，为奥地利的行动辩护，这与他一贯立场简直是背道而驰。俾斯麦反对这场战争有别的企图吗？那些期待战争的议员迷惑了，其中好多人改变了主意，最后，因为俾斯麦的坚持，终于避免了战争。

几个星期后，国王感谢俾斯麦为和平发言，委任他为内阁大臣。几年之后，俾斯麦成了普鲁士首相，这时他对奥地利宣战，摧毁了原来的帝国，统一了德国。

为什么当初俾斯麦赞成和平，而后来却主张战争呢？因为他意识到普鲁士的军力赶不上其他欧洲强权的实力，并不适合发动战争。如果战争失利，他的政治生涯也就岌岌可危了。他渴望权力，对策就是持和自己意愿相反的主张，发表那些违背自己意愿的言论，瞒骗众人。正是因为俾斯麦这席谈话，软弱的国王才任命他为大臣，他才得以迅速爬升为宰相。一旦他获得了权力，就用武力统一了德国。

俾斯麦是有史以来最聪明的政治家之一，他善于权谋。在主张和平这件事上，没有人怀疑他的居心，如果他宣示了自己真正的意图，就不会有日后德国的统一。

利用言不由衷放出误导的信息，从而成功地隐瞒了自己真实的目的，得到了自己希望的一切。这就是掩藏真实意图产生的巨大威力。

许多人只要有机会就把自己暴露在别人的面前，把自己的计划与意图全盘托出。他们这样做有两个原因：首先，他们认为谈论个人感受与未来计划是自然而轻松的事，因而控制不了自己；其次，他们渴望得到别人的认同，展现自己的美好本质，其实这并没有错，但是要考虑到不同的环境和不同的对象。诚实在某些特殊情况下是一把钝器，只能让你受尽折磨，你的诚实对别人来说可能是一种冒犯。

若想获得人们的好感和敬重，就需要注意你的言辞，委婉地说出自己的意图，而不是直截了当地讲出自己的感受甚至揭露别人的真相。

隐藏自己的意图，能让你在与人交往的过程中更容易掌握主动权。人性中有一项简单的事实——人类的第一直觉永远来自外表。表象常常被人们当成事实，因此从某种程度上说，表象比事实更重要。

表面上支持一项违背个人意愿的主张会让对手理不清头绪，因而在算计中犯错。这是一种声东击西的有效策略。

运用这套策略要讲究方法，不要闭紧嘴巴隐藏你的意图，这样就会显得鬼鬼祟祟，让人心生怀疑。

相反，你还要不断地谈论自己的渴望和目标——当然不是真正的目标，如此一来，不但显得友善、开放和信任别人，也隐瞒了意图，从而让对手疲于奔命，做无用功。

如果你的社会地位让你无法为自己的行为穿上一层密不透风的神秘外衣，那么至少也应该学会不要那么清澈见底，还要不时露一手，其行为方式要出乎人们的意料。这么一来周围的人就会对你刮目相看，并开始关注你。

如果你发现在某些场合自己落入陷阱受到围困，或是只有防守之势，试试用一项别人无法轻易理解或捉摸的行动来摆脱困境。

人生感悟

战略要简单，方式要复杂，行事要有多种不同的诠释。然而不要只是令人捉摸不定，要让你的行动没有单一的解释。这将会让你的对手茫然不知所措，产生错误的判断。吐露真言需要极高的技巧，运用得好，可以成就你的一生美名，反之，有可能毁掉所有的计划。

不与蓄意找茬儿的人争斗

当别人说了对不起你的话，做了对不起你的事，他自己一定会觉得心里有愧，诚惶诚恐，害怕一报还一报。这时你做个高姿态，不跟他一般见识，主动与其维护双方之间良好的关系，以一张热面孔迎向他的冷面孔，至少不在面子上跟他过不去。那么，他心里就会感到愧疚，从而不仅不再和你作对，还会与你通力合作。

公元前283年，蔺相如完璧归赵之后，接着又在渑池会上巧妙地跟秦王争斗，极力维护了赵国的尊严。赵惠王见他功劳大，就提拔他做了上卿，地位还在老将军廉颇之上。

这样一来，廉颇可恼火了。他对人说："我在赵国做了多年的大将，为赵国立了不少的战功，而蔺相如原来是一个出身低下的人，只靠说了几句话，就把职位摆在我的上边，我实在感到没脸见人。"他扬言："我要是遇上蔺相如，一定要羞辱他一番。"

蔺相如听到廉颇这些话后，就处处忍让，尽量不与廉颇见面。每天上早朝时，他就说有病，躲在家里不去与廉颇争位次。有一次，蔺相如乘车外出，碰巧遇上廉颇，就连忙驾着车子躲开他。蔺相如身边的人，看到这种情形都很生气，说蔺相如太软弱、畏缩了，不用说是他，就是在他身边任职的人也感到羞惭，于是大家都说要离开他。

蔺相如坚决不让他们走，并向他们解释说："你们想想看，秦王那样的

威严，我还敢在秦国的朝廷上当面斥责他。我蔺相如再不中用，也不会单单惧怕廉颇将军。我是觉得，强大的秦国之所以不敢侵犯赵国，只是因为我们的文臣、武将能同心协力的缘故。我与廉颇将军好比是两只老虎，两虎相斗，必有一伤。我之所以采取忍耐的态度，正是先考虑到国家的安危，然后才想到个人的私怨呀！"

这些话后来让廉颇知道了。这位老将军对照自己的言行，感到既悔恨又惭愧。为了表示自己认错改过的诚意，就脱掉上衣，背着荆杖由宾客领着来到蔺相如家里请罪。一见蔺相如，老将军就恳切地说："我这个粗鲁的人，不知道先生对我能如此的宽宏大量啊！"

从此，蔺相如和廉颇这一相一将，情谊更加深厚，终于结成了生死与共的朋友，通力合作，努力把国家的事情办好。

人生感悟

记住：金刚怒目，不如菩萨低眉。不必与蓄意找茬儿的人争斗。

用小恩换大利

中国人常说"吃人家嘴短"。一旦接受了人家的好处，沾了人家的便宜，再拒绝起人家的请求来，就不那么好意思开口了。中国人重人情，讲面子，"滴水之恩必以涌泉相报"，聪明人运用这一战术，"糖衣炮弹"一出手，往往一发命中，而且百试百灵。

一、给点儿甜头作诱饵

钓鱼需要有诱耳，办事也同样需诱耳。

法国皇帝路易十四当政期间，挥金如土，穷奢极侈，出现了严重的财政危机。路易十四为满足其挥霍享用的需要，便向银行家贝尔纳借钱。

这可不是件容易的事。贝尔纳早已风闻此事，傲气十足。钱要借，国王也不能卑躬屈膝吧？路易十四左思右想，设下一计：

有一天下午，国王从马尔利宫走出来和经常陪同他的宫廷人员一起逛花园。他走到一幢房子门前停了下来，那座房子的门敞开着，德马雷正在

里面举行盛宴款待贝尔纳尔先生。当然,这桌宴席是先奉国王之命准备的。

德马雷看见国王,急忙上前行礼。路易十四满面笑容,故作惊讶地看着他们说:"啊!财政总监先生,我很高兴看到你和贝尔纳尔先生。"国王又转向后者说:"贝尔纳尔先生,你从来没有见过马尔利宫吧,我带你去看看,然后我把你再交给德马雷先生。"

这是贝尔纳尔没有意想到的事,他感到非常幸福和荣幸。贝尔纳尔跟在国王身后到养鱼池、饮水槽,在塔朗特小森林和葡萄架搭成的绿廊等处游玩了一遍。

国王一边请贝尔纳尔观赏,一边滔滔不绝地说些为了达到某种目的而惯用的漂亮话。路易十四的随从们知道他一向少言寡语,看到他如此讨好贝尔纳尔感到惊奇。

游玩之后,贝尔纳尔极度兴奋地回到德马雷那里,他赞叹国王待他如此厚意,说他甘愿冒破产的危险也不愿让这位优雅的国王陷入困境。

听了这番话,德马雷趁着贝尔纳尔心醉神迷的时候,提出了向他借600万元巨款的要求,贝尔纳尔欣然答允。

这600万元可不是一笔小数目,路易十四如愿以偿,当然靠的是他皇帝的面子,但也与他的求人策略有很大关系。

二、以其所需换所求

现代人常说:"世上没有免费的午餐。"办事中,若能首先满足了对方的需求,那么对方也自然要给予回报的。

纽约的金融家华特生在做银行职员时,有一次,他的上司要他尽快准备好一份资料,而拥有此类资料的那个人是一家公司的总经理,华特生就去拜访他。当他被引进总经理办公室之后,一位年轻的秘书从门口探头告诉总经理说,她今天没有邮票给他的儿子,总经理向华特生解释说:"我在替十二岁大的儿子收集邮票。"之后,华特生向总经理述说他的来意,并且向他请教了一些问题,但是,从头到尾总经理都在含糊笼统地敷衍他,摆出一副根本不谈论这个问题的样子,因此这次的晤谈很快就结束了,而且毫无结果。

华特生事后回忆说:"坦白讲,我当时真不知该怎么做,突然我想起他的秘书所讲过的话,什么邮票、十二岁大的孩子,同时我也想到我们银行国外部也在做邮票收集的工作,那些邮票正是来自世界各地的。

第二天下午,我直接去拜访他。到了之后,我请他的秘书传话给他,

告诉他我带了一些邮票要给他的孩子。于是，我受到了热烈的欢迎，他热情地握住我的手，仿佛是要竞选国会议员一样。他面带笑容而且容光焕发地招呼我。

他一面赏玩着邮票，口里一面的说着：'我的乔治一定会喜欢这张的，你看这张！这可是一珍品哦！'我们花了半个小时谈论邮票与他儿子的事，之后他足足花了一个多小时的时间提供我所需要的资料，他把所知道的全都告诉了我，并且害怕有所遗漏，还把他的属下叫进来询问一番，甚至为我打电话给他同事查询一些细节。他给了我许多实证、数据、报告以及文件，使我此行满载而归。套句新闻从业人员的专业用语，我算是得到了一条独家新闻。"

 人生感悟

办事时，善于对别人施以"小恩小利"，有时会给你带来意料不到的收获。

把"粮食"送给不起眼的人

人们对雪中送炭之人总是怀有特殊的好感。这种分忧解难的行为，最易激起对方的感激之情。日后如果你用到此人，他必然有求必应，报答你的厚恩。当然，在送之前，一定要看准：一是要看准送的时机；二是要准确推测此人的未来。

三国争霸之前，周瑜并不得意。他曾在军阀袁术部下为官，当过一回小小的居巢长，也不过就是一个小县的县令罢了。

有一年，地方上发生了饥荒，年成既坏，兵乱间又损失不少，粮食问题日渐严峻起来。居巢的百姓没有粮食吃，就吃树皮、草根，活活饿死了不少人，军队也饿得失去了战斗力。周瑜作为父母官，看到这悲惨情形，急得心慌意乱，不知如何是好。

有人献计，说附近有个乐善好施的财主鲁肃，他家素来富裕，想必囤积了不少粮食，不如去向他借一些。

56

周瑜带上人马登门拜访鲁肃，寒暄之后，周瑜就直接说："不瞒老兄，小弟此次造访，是想借点粮食。"鲁肃一看周瑜丰神俊朗，显而易见是个才子，日后必成大器。他根本不在乎周瑜现在只是个小小的居巢长，哈哈大笑说："此乃区区小事，我答应就是。"

鲁肃的朋友和家人私下里说："这鲁肃也太厚道、太善良了，别人要什么给什么。要知道，这饥荒之年粮食多宝贵啊。现在兵荒马乱的，这些当官的有几个讲信义的，借了肯定不会还。借给他们粮食，是肉包子打狗——有去无回的。"

鲁肃亲自带周瑜去查看粮仓。这时鲁家存有两仓粮食，各三千斛。鲁肃痛快地说："也别提什么借不借的，我把其中一仓送与你好了。"周瑜及其手下一听他如此慷慨大方，都愣住了，要知道，在饥饿之中，粮食就是生命啊！周瑜被鲁肃的言行深深感动了，两人当下就交上了朋友。

后来周瑜发达了，当上了将军，自然没有忘记鲁肃的恩德，将他推荐给孙权，鲁肃终于得到了干事业的机会。

朋友和家人无意中问起鲁肃，当初为什么那么大方把一仓粮食白送给周瑜。鲁肃笑了笑说："当初我看周瑜年纪虽轻，但是外表丰神俊朗，而且谈吐非凡，知识渊博，眉宇间志向远大，忧国忧民。我想他日后必成大器，我如果在他身处困境时帮助他，他一定会感激我的恩情。"朋友听说，都佩服鲁肃过人的智慧和眼光。

人生感悟

不起眼的人该帮也得帮，鲁肃的遭遇就是明鉴。

做人互助才能办事顺利

做人的互助原理是：你在关键时刻帮人一把，别人也会在重要时刻助你一臂！初看起来似乎是等价交换。其实。不管你是一个什么样的人，都不可能像鲁宾逊那样独自一人闯天下，尤其是要使自己的人生局面推广开来，更离不开与各种各样的人打交道。要想让别人将来帮助你，你就必须

先付出精力去关心别人、感动别人，这样才能赢得别人回报的资本。因此，高明地做人，必须信守"相互帮衬"之道。

常常挂在"红顶商人"胡雪岩口头的"花花轿儿人抬人"，是一句杭州俗语，指的是人与人之间离不开相互维护、相互帮衬。人抬人，人帮人，人要办的事才会顺利，人的事业才会发达。

话虽如此，真正窥得其妙、并加以运用的人却并不多。在某些特定的情况下，要想成就一番事业，少不得要借助众人拾柴之势。复杂的人际关系有时是个包袱，但只要用得巧妙，也可以成为一块成功之路的叩门砖。"相互帮衬"正是一个帮人帮己的诀窍。

当年，胡雪岩扶助王有龄做了湖州知府，他在开办钱庄之初就有让自己的钱庄代为打理府库银两的打算，也有了着落。但是，真正要使这一打算变成现实，还要过一关，就是要打通钱谷师爷的路子。旧时的州县衙门，都有钱谷师爷和刑名师爷。

师爷名义上虽只是州县的幕友，但由于这些人都师承有自，见多识广，常常是州县官们也不敢轻易得罪的角色。

师爷向来独立办事，不受东家干涉，表面平和的还与州县老爷敷衍一下，专断的甚至对州县老爷置之不理。所以，胡雪岩要代理湖州府库，也就不能不笼络他们延请的钱谷师爷。

在笼络师爷的过程中，胡雪岩和王有龄就演了一出"花花轿儿人抬人"的绝好的双簧。王有龄署理湖州正是端午期间，这个时间给胡雪岩提供了一个机会。他打听好已经接受延请到湖州上任的刑名、钱谷两位师爷在杭州的家眷所在，送去节下正需要的钱粮。

不过他是以王有龄的名义送的。这两位师爷自然要感激王有龄的好意，但等到他们拜谢王有龄时，王有龄却说这原是胡雪岩的心意。这一来，师爷不仅见了胡雪岩的情分，自然也知道了大人的意思。好事做了一件，交情却落了两处。一帮一衬不过言辞之间，却使得极巧。事实上，这出双簧也并不是胡雪岩和王有龄事先商量好要这样演的，而他们却不约而同地如此做了，可见胡雪岩、王有龄两人都深谙这"花花轿儿人抬人"的相互帮衬之道。

相互帮衬往往不在于你帮的心是巨是细，出的力是大是小，有时候甚至也不过是些惠而不费的小节，比如王有龄、胡雪岩演的那出双簧，也不过就是一句话的事情。然而知道这其中的道理，心思用得巧，往往能够事

半功倍。比如胡雪岩和王有龄之间一帮一衬，一下子就收服了人心。例如当胡雪岩和王有龄找到湖州钱谷师爷杨用之，提出要以自己的阜康钱庄代理湖州府库和乌程县库时，杨用之不仅毫不为难地满口答应，还为他引见了另一个关键人物——湖州征纳钱粮绝对少不了的，也绝对不能得罪的"户书"郁四。而郁四后来实际上也成为了胡雪岩生意上的牢固伙伴和得力帮手。

的确，一个人精力到底有限。经手的事情太多，表面上看来似乎没有什么疏漏，也许失察疏漏的地方在不知不觉中已经留下很多。比如胡雪岩对于宓本常的失察，在典当业上的疏漏，都是在他经手事情太多、生意场面太大的情况下，由于实在顾不过来而发生的。这些疏漏的地方，一定的时候都可能产生不良后果，而且，由于一个人所有的生意动作常常是环环相扣、相互牵连的，有一些因失察留下的疏漏所产生的后果，常常是关键性的。并不只是影响某一桩或某一个行当的生意的成败，它可能使辛辛苦苦建立起来的大厦整个儿彻底坍塌。

人生感悟

帮衬是多方面的，既需要朋友同行的帮衬，也需要内部人员的帮衬，这是一个诀窍，也是现代商战中重要的经营策略。

亏要吃在明处

与朋友交往，情愿自己吃点亏是一个很好的交际方法。

不管是吃大亏，还是吃小亏，只要能对搞好朋友关系有帮助，你就要尽力吃下去，不能皱眉。尤其是大亏，有时更是一本万利的事。

当然交友吃亏也必须讲究方式和技巧。

交朋友吃亏要吃在明处，否则就是白吃。有的人为了息事宁人，往往去吃暗亏，结果是"哑巴吃黄莲——有苦难言"。

三国时期的孙权就是如此，为了取回荆州，假意将自己的妹妹嫁给刘备，结果在诸葛亮的巧妙安排下，孙权不仅赔了妹妹，又折了兵。荆州还

是在人家手中，这个亏未免吃得太不值得了。

亏要吃在明处，吃在暗处就是白吃了。你吃亏时。至少要让对方明白，让对方意识到，你吃亏是为了帮助他。

古人说："吃亏是福"，是很有道理的。因为吃亏，你就成了施者，朋友则成了受者，看上去是你吃了亏，他得了益，然而，朋友却欠了你一个情，在友谊、情谊的天平上，你已为自己加了一个筹码，这是比金钱、比财富更值得珍视的东西。

吃亏，会让你在朋友眼里变得豁达、宽厚，让你获得更深的友谊。这当然会使朋友更心甘情愿帮助你，为你办事。

在现代社会，会吃亏的人才不会吃亏。你不吃点亏，别人怎么会替你办事呢？

陈嚣与纪伯为邻，一天夜里，纪伯偷偷地将隔开两家的竹篱笆，向陈家移了一点，以便让自己的院子宽一点，恰好被陈嚣看到了。纪伯走后，陈嚣将篱笆又往自己这边移了一丈，使纪伯的院子更宽敞了。纪伯发现后，很是愧疚，不但还了侵占陈家的地方，而且还将篱笆往自己这边移了一丈。

陈嚣的主动吃亏，让纪伯感到相当内疚，他产生了"以小人之心度君子之腹"的感觉，这就欠下了陈嚣一个人情，即使他还了这个人情，但是每当他想起时，他还是会内疚，还是会想法报答纪伯。

《菜根谭》上说："人之短处，要曲为弥逢；如暴而扬之，是以短攻短。"

意思是：别人有缺点或过失，要婉转地为他掩饰或规劝他，假如去揭发传扬，就是用自己的短处来攻击别人的短处，到时肯定对自己没有什么好处。

所以，有时主动吃亏是要为朋友文过饰非，既让他觉得欠你的人情，又让他知道自己做错了。会交朋友会办事的人，乐意为朋友遮掩一下。

战国时，梁国与楚国相邻，两国在边境上各设界亭，亭卒们也都在各自的地里种了西瓜。

梁国的亭卒勤劳，锄草浇水，瓜秧长势极好；而楚国的亭卒懒惰，西瓜秧自然长不好，与对面西瓜田的长势没法比。楚国的亭卒觉得失了面子，有一天夜里偷跑过去，把梁国亭卒的瓜秧全给扯断了。梁国的亭卒第二天发现后气愤难平，报告给边县的县令宋就，并说："我们也过去把他们的瓜秧扯断好了！"

宋就说："这样做当然是很卑鄙的，我们明明不愿他们扯断我们的瓜秧，那么我们为什么再反过来扯断人家的瓜秧呢？别人不对，我们再跟着学，那就太狭隘了。你们听我的话，从今天起，每天晚上去给他们的瓜田浇水，让他们的瓜秧长得好起来，而且，你们这样做，他们一定会知道的。"

梁国的亭卒听了宋就的话后觉得有道理，于是就照办了。楚国的亭卒发现自己田里的瓜秧的长势一天好似一天，仔细观察，发现每天早上瓜地都会被人浇过，而且是梁国的亭卒在黑夜里悄悄为他们浇的。楚国的边县县令听到亭卒们的报告，感到十分惭愧，不由得非常敬佩梁国的亭卒，于是把这件事报告了楚王。楚王听说后，也感于梁国人修睦边邻的诚心，特备重礼送梁王，既表示自责，亦表达酬谢，结果这一对敌国成了友好的邻邦。

为别人文过饰非，实在是个搞好关系的好机会。当朋友在众人或是你面前犯了错，你一定要抱着吃亏的心理，干脆给他个面子，帮他一把，千万别"暴而扬之"。

人生感悟

很多时候，这种吃亏是帮助你的朋友，尽管你先前吃了亏，但最终朋友会弥补你、报答你。想一想，会吃亏的人怎么会吃亏呢？

不妨利用自己艰苦的身世，博得对方同情

艰苦的身世和经历是最容易打动别人的武器，在求人办事过程中，如果能巧妙地利用自己艰苦的身世和经历。博取对方的同情，既能融洽人际关系，又能办好事情。

日本歌手北岛三郎和职业棒球选手江川卓都是日本人家喻户晓的名人，他们几乎同时建造了豪华住宅。但奇怪的是，一般老百姓认为北岛三郎的住宅修建的"既漂亮又气派"。相反，对于江川卓的住宅却说："建造这么豪华的住宅，真令人厌恶！"

之所以会产生如此不同的感觉，是因为北岛三郎从小流浪，经过千辛万苦，后来才成为名歌手，这种艰苦的身世使老百姓对他有一种亲切感，

能博得别人的同情。而江川卓就没有那种博得别人同情的艰苦身世，所以，人们都不捧他的场。

生活中我们常常看到那些已经成名，生活过得富足的成名歌手，他们常常在舞台上含着热泪诉说他们过去的艰苦生活。诸如自幼丧父、生活艰苦或者到处漂泊，还要赡养生病的母亲等的不幸经历。他们的这种诉说往往能博得人们的同情，能牢牢地抓住别人的心，让别人为他的成名成家在感情上加分。

日本的田中首相之所以能得到国民的爱戴，就是因为他来自环境恶劣的地区，经历了艰苦的岁月，这种人生经历使他得到了国民的同情和支持，后来成为日本国的首相。

艰苦的身世和苦难的经历，会得到别人的支持和同情，能在感情上引起别人的共鸣，有了这一点，求人办事就顺利得多。

人生感悟

会交友办事的人，大都善于博取对方的同情和怜悯，以达到自己求人办事的目的。

从实际情况出发，满足他人的各种需要

从对方的实际情况出发，满足他的各种需要，是我们求其办事的最佳突破门。无论求什么样的人办事，我们都应摸透他的需要，依具需要"对症下药"，就很容易"药到病除"，办事成功。

詹森是一个杰出的企业家，他的投资范围十分广泛，包括旅馆、戏院、工厂、自动洗衣店等。可是出于某种考虑，他还认为应该再投资一本杂志，涉足出版业。

经由他人介绍，詹森看中了杂志出版家鲁宾逊先生。鲁宾逊是出版行业的大红人，很多出版商都争相罗致，但始终无法如愿。如何才能把鲁宾逊负责的杂志弄到手，并将他本人网罗到自己的旗下呢？

事先，詹森经过调查和观察。知道鲁宾逊本人恃才傲物，而且瞧不起

做事

——用专注为成功铺路

外行人。但是，另一方面，鲁宾逊现在已是妻儿满堂，对于独立操持高度冒险的事业已经没有当初那样的兴趣了，而且对于整日泡在办公室里处理日常琐事早已深感乏味。

经过几次接触，詹森针对鲁宾逊的个人性格和心理状况，开门见山地承认自己对出版业一窍不通，因此，需要借助有才干的人促成事业的成功。接着，詹森把一张25000美元的支票放在桌子上，对鲁宾逊说："除了这点钱外，我们还要再给你应该得到的那些股份和长期的利益。"为了解除鲁宾逊的公务的烦恼，詹森指着几位部属说："这些人都归你使用，主要是为了帮助你处理办公室的烦琐事务，把你从办公室的琐事中解脱出来。"

当鲁宾逊提出所有经济实惠要现金，不要股票时，詹森又耐心地告诉他股票在过去几年中如何涨价，利益如何可观等。同时还强调，他会向鲁宾逊提供长期的安全福利。

这些条件，对于鲁宾逊来说，不仅满足了他最大的需要，即他的出版业有了足够的财政资金和扩展业务的财力保证，破产的危险大为减少，同时又满足了他的根本需要，即可以摆脱烦琐事务，专心致力于出版业务的发展。于是，鲁宾逊同意将他的杂志转手给詹森，并投到詹森的旗下，双方签订了5年的合约。

在这个故事中，詹森根据实际情况，满足了鲁宾逊财政资金的需要、扩展业务的需要、减少破产危险的需要以及摆脱烦琐事务专心钻研业务的需要。詹森只付出了一笔比他预计的价格还低的金额，即获得了一批有价值的资产。罗致到一位有才华的出版家，可见他求人办事方法的巧妙。

人生感悟

满足别人的需要，别人就会满足你的需要。

对好利者，设法让他清晰地看到利益

人人都有好利的毛病，以利相诱无疑是一味特效药。在现代社会，求人办事能让对方清晰地看到利益，告之以利，使说服的过程变成寻求共同

利益的过程，肯定会收到良好的效果，对方一定也会尽力而为。

利益不一定是摆在桌面上的钱，一眼可见。它可能隐于事务内部，让人看不明、数不清。这时，你有必要指给他看，数给他看。

一家商场为了方便顾客，想盖一个自行车棚，但商场前面没空地。商场左侧紧挨着一家饭店，饭店前面倒有一片空地。商场经理跟饭店老板商量，想租一小块地。饭店老板一口回绝，因为他不想为了区区一点租金影响自己的生意。

对此，商场经理并不气馁，派一位公关小姐去做说服工作。公关小姐对饭店老板说："您租场地给我们，是利大于弊：第一，我们租用的地方很小，不会挡住您的门面；第二，您每天生意最忙的时候，正是我们生意最冷清的时候，不会因为人多拥挤对你的生意造成影响；第三，车棚盖好后，来您这里进餐的客人也可以将车存在这，您这不等于是为自己盖了一个车棚吗？第四，存车的顾客可能顺便来您这儿吃饭，这不是为您打免费广告吗？"

饭店经理一听，全在理，当即同意租地，而且免收租金。

在生活中，将好事当成坏事的情形所见颇多，你指出其中之好，别人才会觉得不坏。

每个人都是利己的，能满足他的利益，对方自然乐意了。求人办事，关键是找到满足对方的需要。

每个人的需求是不同的，比如有的人好利好钱，见钱眼开，对这种人就要以金钱来满足他；有的人爱慕虚荣，喜欢戴高帽，对这种人要加以赞美，从精神上满足他；有的人有钱有势，喜欢附庸高雅，钱财根本就打动不了他，求这种人办事，就要摸清他的嗜好，比如他喜欢某某的字画，那你就可以设法去满足他。

人生感悟

求人时找到满足他的最佳方法，所求之事就迎刃而解了。

青春励志

做事

——用专注为成功铺路

第三篇

构筑和谐关系，大力拓展人脉

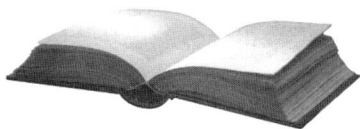

人脉是成事的关键

每个人都有他自己的生活圈子，也有他自己的人脉关系网。先是父母、兄弟姐妹、邻居，随着年龄的增长，又有了同学、老师和校友，长大以后，同事、老乡也成为交际圈子的一部分。以上这些人不但可以为你提供生活上的帮助、感情上的慰藉，更是宝贵的办事资源。

人脉关系的好坏，不但体现了一个人的社交能力，更是能否成事的关键。有句歌词唱得好："千金难买是朋友，朋友多了路好走。"朋友其实就是人脉的代名词，如果拥有超强的人脉，广阔的人际关系，那将是一笔不可估量的无形资产，对于公关办事更是具有决定性的意义。

比尔·盖茨之所以能取得今天的成功，除了他的智慧和能力之外，还有一点，就是善于利用人脉关系。当他创建微软公司的时候，他还是一个无名小卒。但就在这个时候，他跟当时世界一流的公司——IBM签定了一份合约，这也为他以后的成功奠定了良好的基础。人们不禁要问：比尔·盖茨当时只是一个毛头小伙子，怎么能钓得到这么大的鱼呢？可能很多人都不知道，这是因为比尔·盖茨的母亲是IBM公司的董事，作为董事的妈妈介绍儿子认识董事长，这不是轻而易举的事情吗？

一个人才华横溢，能力超群，专业知识扎实，如果人际关系极差，想要出人头地、成就事业，不能说不会成功，但注定要艰苦得多，尤其是一些需要跟人打交道的行业，更是难上加难；相反，如果一个人有很好的人脉基础，拥有各行各业的朋友，人人都喜欢，即使能力不是特别突出，他的人生之路也会比较顺畅，办事成功的概率也比较大，因为在他出现困难的时候会有很多人帮助他、支援他。

现在的时代，依靠个人的努力，讲究英雄独行是行不通的，鲁滨逊式的成功更是难以想象。要想获得成功，比别人站得更高、走得更远，就得依靠大家的力量。就如美国著名教育家、成功学家卡耐基所说："一个人的成功，只有15%是由于自身的专业技术，85%则要靠人际关系和他的社会

交往能力。"

人脉对于想要追求事业成功的人来说往往就意味着机遇、一个朋友，甚至是一个初次相识的朋友，带给你的也许就是命运的转机。

曾经有一位年轻人，梦想着能成为一个演员。然而他形象一般，也没有特别突出的地方，因此始终得不到那些大导演的认可，尽管他为此作了很多努力，却没有一次能够被人接受。屡遭打击的年轻人心情沮丧，决定换个城市碰碰运气。坐在火车上的他与一位女士邻座，那位女士看起来身体不太舒服，出于礼貌，他一路上很照顾对方，女士很健谈，两个人聊得很投机，大有相见恨晚的意思。不料想这竟然是他人生的转折点，那位女士是一位资深的电影人，对这位年轻人在火车上的表现印象深刻，很快就邀请他参与一部电影的拍摄，自此他开始踏进了演艺圈，并且一发不可收拾，最终成为著名的电影明星。

人脉是宝贵的办事资源，很多时候凭借着良好的人际关系，不但可以很轻松地把事情办好，而且还能将看似不能办的事情办成。

小明是某公司的办事人员，他代表公司去与某企业商谈一项合作。这项任务很有难度，因为另外还有几家公司都对这个合作项目很有兴趣，而且他们的条件甚至更为优惠。但是小明却自有办法，他找了他的学长——该企业主管该项目的负责人，经过一番交谈之后，两个公司很快拍板成交，确定了合作的事情。原因不说自明，因为小明在大学的时候与这位学长交情非同一般，在关键时候对方自然也会照顾一下这位学弟。

人脉对于办事来说至关重要，但是它并非是生来就有的，需要人们去不断拓展。一个人的人脉代表了他交际能力的强弱，也预示着他人生的发展方向。交际能力强的人能和各行各业、各种各样的人成为朋友，拉上关系，即使原来没有接触或者接触很少的人也能很快变得熟悉起来，在他的事业遇到困难的的时候，会有很多人来帮助他，使他轻松渡过难关。而有的人交际圈子狭小，性格孤僻内向，朋友很少，这样的人遇到困难的时候往往需要自己独立支撑，每向前一步都要付出很大的努力。

拓展人脉有几个关键点，其中互相帮助，共同获利是基础。如果只想着从对方身上获取利益，而自己却一毛不拔，这样的交往是不可能长久的。只有极少数人才会对你进行无私的帮助，大多数人都是基于利益才与

你交往，你给别人什么样的帮助，才会得到别人什么样的帮助，所以办事时一定要记住一点：有付出才有收获。

要把人际关系搞好，共同分享资源是十分必要的。这个资源不仅包括信息，还包括人脉。交结朋友的朋友，认识同事的同事都能扩大你的关系圈。

人生感悟

维持人际关系也是拓展人脉的一部分。就如同打渔还要补网，要想人际关系发挥作用，就要时时维持，使它保持新鲜和活力。

播种感情，收获关系

古人常说："受人滴水之恩，当以涌泉相报。"这里的滴水之恩也就是欠人的一份情。所以，善于办事的人都不会忘记利用感情来打造自己的人脉关系网，因为这是最有效的一种手段。

春种秋收是人自然的生长规律，打造人际关系其实也是这样。人是感情动物，人人都难脱一个"情"字，尤其是有血缘关系的亲戚之间，进行必要的感情投资，对于培养、发展、维系彼此之间的关系是很有必要的。

或许有些人会觉得，大家本来已经是亲戚了，何必去花那么多心思搞感情投资呢？这不是多此一举吗？有这种想法的人是很难把人际关系搞好的。真正懂得办事的人一般都具有长远的战略眼光，他们知道什么是未雨绸缪。在他们需要帮助的时候，早已经做好了感情铺垫，从而能够顺利地得到别人的帮助。

亲戚之间的感情投资其实也和社会上的人际关系投资一样重要，不仅需要"事前"、"事后"打点，更要有始有终，感情不断。千万不要在事情办成以后，认为对方是亲戚，感到他们为自己做事、帮忙是理所当然的，而不用刻意致谢，这样的想法是极其错误的。从古至今，中国人一直讲究"礼尚往来"的处事准则，即使关系很近，在事情成功之后也要道谢，让

人家知道你是一个知恩图报的人，而非忘恩负义之徒。

建立好的关系才是求人办事的基础，但好关系的建立不是一朝一夕就能做到的，必须从一点一滴入手，依靠平日的积累。只有不断地构建和巩固，人际关系才会牢固。要想建立比较"铁"的关系，就要与亲戚朋友经常来往，进行一些感情上的交流和沟通。有了感情的投资，就少了许多求人办事的顾虑，可以开诚布公、坦然相告，而对方也可以根据亲情远近以及事情的难易程度，给予明确的答复。

感情投资有好多方式，逢年过节问候送礼自然不用多说，一些细心的行动更能打动人心。比如，一个曾多次无私帮助过你的亲戚，某一天当他生病住院时，你带上礼物去探望他，并在病室里陪护，这对他来说无疑是一种莫大的慰藉。

行为回报虽然没有语言和物质那样悦耳、显眼，但它是无法用这些东西来度量的。一滴汗水能让一筐好话失色，一丝奉献能使一片真情增辉。于细微处见真情，好的行动往往比语言和物质更能让人感动。

在某单位工作的干部小李，从小父亲不幸去世，是城里的叔叔供他上完了高中，又念大学。近些时候叔叔体弱多病，小李经常利用闲暇时间帮助叔叔干一些家务，还时常利用外出的机会为叔叔寻医找药。小李的叔叔看在眼里、听在耳里、喜在心里，认为自己真有福气，没有白白供应这个侄子上学。这样的感情回报显然比拿出一叠钱来更能让人高兴，也更能体现人的真诚。

在进行感情投资的时候有一些事情是需要注意的：

一、不要轻易许诺

进行感情投资时，绝对不可轻易许诺，因为一旦没有信守承诺，不仅会损害他人的利益，而且还会造成信任危机，其恶劣的影响等同于撒谎，会给自己带来很大的损失。

二、不要过于功利

需要注意的是，感情投资是一项长期投资，决不能采取平时不烧香、遇事抱佛脚的态度，更不能在人家帮过忙之后就不再联系。忘恩负义只会让人看不起，更别提说人家愿意帮你办事。

三、不要势利

中国传统戏剧中，往往有这样的故事：官宦子弟在小时候与富家女儿订婚，可是这个官宦子弟后来家境破落变成了穷书生，不得已而投靠未来的岳父母家，可岳父母偏偏是势利眼，非逼他退亲不可。结果穷书生不退，反而在小姐的帮助下赴京赶考，得中状元和小姐成亲团圆。这种故事的内容虽然大同小异，而且也不尽真实，但它却反映了中国亲属关系中存在的一个令人不齿的现象，即目光短浅、唯利是图、嫌贫爱富等。在与人交往时，这样的情况是很让人忌讳的。

人生感悟

朋友多了路好走，注重感情投资，收获关系，办事的路途将会顺利很多。

种瓜得瓜，种豆得豆

春秋战国时期，有一个著名的军事统帅名叫吴起，战必胜、攻必克，威震敌胆，立下了赫赫战功。人们都很纳闷儿，同样的一支部队，在别人手中士气低落，屡战屡败，但是只要交给吴起，不用多长时间就成了一只铁血部队，不但士气高昂，而且战斗力极强，所向披靡。对此，一般人只能将其归功于吴起那高超的指挥艺术和军事才能。

后来人们才了解到，吴起带兵之所以能有如此成就，除了他深知兵法、谋略得当、指挥有方之外，和士卒同甘苦、共患难也是一个很重要的原因。正是因为平日里吴起对普通士兵极为关照，所以打仗的时候，士兵们也就拼死抗敌，以此报答吴起，这也是吴起军队战斗力极强的缘故。

据说在一次行军途中，一个士兵身上长了一个脓疮，行走困难。吴起知道这个消息以后，赶到这个士兵的营房，在察看了病情之后，亲自用嘴为士兵吸吮脓血，这一幕让在场的士兵感动的涕泪俱下。

从这点来说，吴起称得上是一个深谙人心的交际高手，他知道怎么样

才能打动人心。他平日里和士兵同甘共苦，对他们百般照顾，从而博得这些普通士兵的爱戴，使他们在战场上一往无前、英勇拼杀，可谓是种瓜得瓜、种豆得豆。当然，如果吴起不这么做，士兵们在战场上也会拼杀，然而那只是出于士兵的职责和统帅的命令，与发自内心的主动相比，效果自然是不一样的。

国学大师钱钟书一生著作颇丰，著有学术著作《谈艺录》、《宋诗选注》、《管锥篇》，散文集《写在人生边上》，短篇小说《人·兽·鬼》，长篇小说《围城》等，日子过得比较平和。然而在他写长篇小说《围城》的时候，家里的境况却颇为窘迫，书稿没有人买，也没有别的经济来源，保姆也请不起，只好劳驾夫人杨绛女士，屋里屋外忙个不停。好在这个时候导演黄佐临先生排演了杨绛的喜剧《称心如意》和《弄假成真》，并及时支付了酬金，才使钱家渡过了难关。

基于黄家和钱家的交情，多年后，黄佐临先生之女黄蜀芹导演拿着父亲的介绍信去见钱钟书先生，请求拍摄电视剧《围城》，结果很容易就得到了钱钟书先生的许可。种瓜得瓜，种豆得豆，黄佐临老先生当时义助钱家的时候，可能根本不会想到自己的一时义举会让自己的女儿在多年后受惠。

生活中，每个人都难免会遇到困难，在别人身处危难境地时，适时伸出援助之手，也许在将来的某一天会得到丰厚的回报。

杰克的父亲开了一家衣帽店，由于老杰克为人热忱，而且店里的商品物美价廉，所以生意做得相当红火。一个雨天的晚上，在商店即将打烊的时候，门外来了一位面黄肌瘦、衣衫褴褛的年轻人，看样子已经饿了好几天了。虽然老杰克去外地还没有回来，但是深受父亲熏陶的杰克并没有做出不礼貌的举动，而是热情地将他迎进屋里，询问有什么可以帮助的地方。

小伙子显得有些腼腆，说自己来自加拿大，这次到美国来是想寻求一个好出路，不料盘缠用完了也没能实现自己的梦想，只能沦落街头。并且告诉杰克，自己的父亲两年前也来过这家店，还购买了一顶帽子，说着就把头上戴的帽子递了过去。确实是这样，虽然帽子上的标志已经有些污损了，但是由于帽子做工精细，还是能够辨认得出来。

杰克不禁有些犹豫，他在想要不要帮助这个陌生的年轻人，毕竟他只

是一个顾客的儿子。再三考虑之后，杰克还是决定帮这个落难的年轻人一把。他为年轻人准备了丰盛的晚餐，并给他足够回家的路费。

在得知自己儿子的做法以后，老杰克非常满意。在父亲去世以后，杰克就接管了这家衣帽店。

一晃十几年过去了，杰克的生意做得越来越好，美国许多地方都有他的分店，他决定向国外发展。然而这事说说容易，但实际上却很难。为此杰克一直很伤脑筋。正在这时，他收到了一封来自加拿大的信，给他写信的正是多年前的那个他曾帮助过的年轻人。现在这个年轻人已经是加拿大一家大公司的总经理了。他在信中感谢了杰克在他困难时期的大力帮助，并邀请杰克共同创业。这个消息让杰克喜出望外，他赶紧给那位年轻人回了一封信，表示愿意与他合作。不久，在那位年轻人的帮助下，杰克很快就在加拿大建立了国外第一家分店。

人生感悟

　　种瓜得瓜，种豆得豆。为了扩大自己的人脉关系网，增大办事的成功几率，千万不要吝啬你的付出，有付出才会有收获。也许所种的瓜和豆一时没有生根发芽，也许自己暂时还用不着，然而善于办事的人总会未雨绸缪，事先播下人情的种子，在办事的时候才会轻松自如。

精心编织一张人际关系网

　　拓展人脉，我们要用上心理学，要精心建立一个关系网。精心做事方能做好，精心交际人缘更广。没事想不到朋友，有事慌慌张张八方求助，这样的人永远吃不开。善于交际要有方法，建个人际档案馆，将朋友汇总归类，具体朋友具体方法，既省事又奏效。

　　美国前任总统克林顿就有个填写人员卡的习惯，他每天晚上睡觉前，都会在一张卡片上列出他当天联系的每一个人，并注明详细的时间、地点、会晤的细节以及一些有用的信息。然后让秘书将自己联系的人员输入建好

的人际关系网的数据库中。等再次需要与这些人联系时，他会让秘书打开他的人际网数据库，找到具体的人员，然后很方便的就能通知到个人。并且在电话中秘书会告诉对方上次与总统会晤的具体情况，这样对方会很高兴地再次与总统会晤。

著名面包商罗威格，一直用这种方法销售面包，他每天都给许多饭店老板打电话，并参加对方的社交活动。能查到老板个人资料的他绝不放过，包括老板的生活习惯、个人爱好、兴趣特长等，然后装订成册，建立一个"饭店老板档案库"。他每次与这些饭店老板交往的时候，都是从他们的兴趣领域谈起，从来不先谈自己的面包。

与饭店老板见面之后过不了几天，许多饭店老板会让厨师长打电话给罗威路，要他派人将面包的样品和价目表送过去。许多厨师长都很纳闷儿："这个面包商真厉害，从来不见他做过任何推销面包的广告，不知怎么搞的老板就催我订单了，真是怪怪的。"他哪里知道罗威格早就做好了"饭店老板档案库"啊。

罗威格的"饭店老板档案库"建得真够专业的，一下子省去了他所有的广告费和促销人员的工资，效果还出奇的好。生活当中，其实我们认识的人也不少，但是交往的方式与程度就差别大了。有了"人际档案库"，我们就会在某阶段有明确目标的与某些人来往，不会在没必要的应酬中耽误自己的时间。既然"人际档案库"如此有效，到底该怎么去建呢？

我们不妨先将所有的人员分一下类：

一、同学群体

这一部分都是你的同学，新老同学都有。只要是你能联系上的，尽量将其纳入其中。因为同学关系比较特殊，情意是比较纯洁的，即使当时在学校时你与个别人有矛盾，走出校门，迈入社会这个大环境中，再相见时你们的感觉完全是两样的。你可以留意一下身边的人，他们最要好的朋友当中，大部分都会是他们的同学。不要再计较学校时期的面子，大胆与他们联系，邀请他们光荣地加入你的人际关系档案馆，他们可要安排在自己的贵宾席哟。

二、同事群体

同事这个阵容也不小，你可以把以前工作中的同事都记录在案。即使

你对以前或现在的单位有些不满意，也不要怪罪到你的同事与领导身上，要认真反省你自己。这些人让你懂得了职业技能、学会了业务技巧，没有这些人，你在任何职业领域都难以生存。

三、好朋友群体

也许这部分人与你志趣相投，所以与你走得比较近。既然有共同爱好。就多交往，不要轻易超越你们的志趣范围，否则对方会以为你与他交往带有极大的功利性，而给人留下清爽淡雅的印象是对你最有利的。

四、潜力朋友群体

这个群体中的人员就杂了，同学、同事、好友都可能有，但是最重要的一点是这类群体与你存在着很多默契点，有潜力挖掘，如果你能抽出时间多交往的话，友谊深度会迅速增加。你要留意所有的熟人与朋友，精心选出这批人，特殊对待，该加温时要加温。许多朋友就是因为没有精心挑选，也不按时加温，导致与许多有潜力的朋友的效情不深不浅的，令人遗憾。

五、一般朋友群体

没有什么可以相互帮助之处，又得应酬的朋友，就是这种一般朋友了。混个面熟就行了，非要与对方深交你反而不明智了。一个工厂职工非要与一位看大门的搞成知己，出力不讨好，别人还以为你没有朋友呢。眼看是两张皮就不要非往一处扯，保持一般交往就够了。

分完类后，我们可以在个人档案内容设计方面下功夫了。个人的住址、联系方式、生日、饮食爱好、职业特长、性格特点、办事风格等重要内容要写清楚，以便随时联系。内容设计好以后，是不是就完事大吉了呢？当然不是，下面才是重头戏呢。

就是你怎样当好这个档案馆的馆长了。按不同的群体做好记录，何时打电话问候哪个群体，哪些人需要你隔一段亲自拜访一趟，哪些人可以帮自己的忙办点小事情，哪些人有重要事情时才能求助，哪些人已经帮助自己几次了等。这些你都随时做好记录。随时更新档案。也许上个月小王还是你的一般朋友，这个月突然上升到好友行列了，你就要为他提档晋升了。

一次，著名企业培训师余世维先生到外地出差，因为赶飞机忘记了自己的"人际交往录"。

飞机马上要起飞了，他却退掉机票重新订购了下趟班机的票，专门抽出时间回去拿自己的"人际交往录"。回家后太太不解地问："一个小本子那么重要？"余世维先生说："太重要了，没有它我去了也是白去，有了它我可以运筹帷幄，决胜千里。"

人生感悟

　　名人在交际方面多备有"人际交往录"，交往中既方便又有效。它管理起来有趣，联系起来方便，交往起来有利，这么好的事你还等什么，没"建馆"的朋友赶快行动吧！

先做朋友后办事

　　办事有了困难，你最先想到的人往往都是朋友，所以在打造人脉关系、拓展办事网络的时候，不妨采用循序渐进的方式——后办事先做朋友。

　　朋友是一种潜在的资本。虽然不是直接的财富，朋友却是一种潜在的资源，先交朋友，多交朋友，其实就等于是在为自己默默地进行资本积累，而一旦需要的时候随时都可以使用。很多时候，事情的成功就是从结交朋友开始的。

　　谁都无法想到，亿万富豪、产业涉及多个领域的台塑企业董事长王永庆，在刚刚踏入塑胶工业时，根本不知道塑胶是怎么会事。而他之所以能够取得现在的成功，除了其超人的胆识和锲而不舍的精神外，朋友的支持和帮助更是其成功的关键。

　　王永庆自己也认为，在其事业发展的过程中，人脉关系起到了非常关键的作用。他在刚刚进军塑胶行业的时候，面对的困难很多，资金缺乏、原料短缺、市场狭窄，在这种困境下从事PVC塑料粉的生产，就好比是一个手中缺乏工具的人在贫瘠的土地上耕耘，难度可想而知。

　　当时，台湾当局设立了"经济安全委员会"，由尹仲容召集人手，负责拟订玻璃、纺织、人造纤维、塑胶原料、水泥等建设计划，并且筹划运

用美国提供的资金。起初，尹仲容等人准备让官方企业来承担塑胶原料项目，后来才改由民营企业来承担PVC项目，并计划由永丰化学公司的老板何义承担这个项目。

何义有过PVC生产的经验，再加上他知道投资兴建PVC厂可以得到美国的经济援助和政府的辅助，所以双方一拍即合。然而何义在经过一番考察之后，才发现情况并不乐观，当时欧美等国的厂商日产PVC一般都在50吨以上，而当时台湾的计划仅仅是日产4吨，产出越少，成本肯定就越高。除此之外，台湾全岛消耗的PVC只有2吨，其余的2吨还得自己寻找出路。何义最后得出一个结论：在市场上，成本高、价格昂贵的台湾PVC，要想战胜成本低、价格优的日本、欧洲、美国PVC，不是一件容易的事。

这时候王永庆刚刚转行，想从事工业生产，但是却不知道从哪儿下手，而且他也不知道台湾当局设立的"经济安全委员会"正在拟定玻璃、纺织、人造纤维、塑胶原料、水泥等建设计划的事情。不过，王永庆有一个好朋友叫赵廷箴，也想从事工业生产。

于是两个人合伙，但是他们先后投资水泥业和轮胎业的时候，都因为动手太晚，失去了时机。正在一筹莫展的时候，他们结识了尹仲容。也就在这个时候，去日本考察PVC生产的何义在途中不幸去世，这使得塑胶项目出现了严重的危机，随时都有夭折的危险。

机会终于来了，经过和赵廷箴、尹仲容等人的协商，王永庆进行了实地考察之后，决定投资塑胶行业。当时，有很多人都嘲笑王永庆自不量力，连塑胶是什么都没有搞懂，就做塑胶生产，预言王永庆及其合伙人最后肯定会倾家荡产。但是在朋友赵廷箴、尹仲容的支持下，王永庆最终还是在塑胶方面做出了惊人的成绩。

试想一下，如果王永庆没有赵廷箴这个朋友，如果没有结识尹仲容，如果没有他们的大力帮助，也许王永庆也能作出另外一番成就，可他还会是今天的王永庆吗？

俗话说："事情好做，伙计难寻。"寻找一个普通的合伙人都很难，一个能帮你成事的活计就更难找了，如果身边有这样的人，千万不可忽视，不妨先做朋友，然后在一起做事，兴许你会发现这对于你的成功有多么重要。

青春励志

做事

——用专注为成功铺路

美国有一家著名的百货公司叫萨耶·卢贝克公司，其之所以能够获得成功，秘诀就在于创始人之一理查德·萨耶是一位先做朋友后办事的高手。

萨耶原先在铁路上作货物运送的代理商，经过长期的观察他发现，在货物运送过程中，如果采用邮寄的方式，不仅能为买主解决拒收货物而倒贴运费的烦恼，而且能够大大降低退货率。经过几年经营之后，萨耶取得了不小的成功。但萨耶同时也看到，他的生意必须扩大规模，否则很可能就会被人取代。而要想扩大规模，第一步就是要找一个可靠的合伙人，这可不是一件容易的事情。经过很长时间的努力，萨耶在他的朋友中发现一个叫做卢贝克的人很有才能，于是两个人开始了合作，并随即成立了一个以两个人姓氏为名的公司——萨耶·卢贝克公司。

和萨耶预料的一样，公司开展的第一年营业额就急剧增长，到了第二年业务发展得更快，这样的好事让两个人始料不及，明显感觉忙不过来了。于是卢贝克建议："我们何不请一个有才能的人来参加我们的生意？"

萨耶深有同感，经过两个人的仔细观察，一位和他们常有来往的布料商路华德进入了他们的视线。在确定了人选之后，萨耶开门见山地说："我们想请你参加我们的生意，坦白地说，想请你去当总经理。"

对他们颇有了解的路华德没有推辞，就此出任萨耶·卢贝克公司的总经理。这个人确实能力非凡，在他的管理下，十年之后，公司的营业额增加了600多倍，年销售额将近70亿美元，拥有员工30万名，这在零售业来说，简直是一个不可思议的数字。

后办事，先做朋友。萨耶就是这样取得了事业的成功，如果当年他不善于结交朋友，如果他没有与卢贝克和路华德携手，也许终其一生都只是一个小商贩。

在生活中往往有很多能干的人，他们常常能够轻而易举地把事情办好，而实际上这种人本身并不一定有出色的才能，也许还极其平凡，但是他们懂得结交朋友，更懂得朋友多了才容易成事，王永庆是这样，萨耶也是。

人生感悟

在日常生活中，不妨也学学这一点，先做朋友后办事。也许在将来需要的时候，就不必为一些难以解决的问题忙得焦头烂额。

寻找最得力的伙伴

谁善于结交最得力的伙伴，谁就能利用伙伴的力量成大事。

一个成功的人并非要有什么出类拔萃的异能，只要他善于结交朋友，善于寻找对自己有帮助的伙伴，懂得集合朋友的优势和自己的长处于一体，就一定能做成大事，成就自己的事业。

《花样年华》让世人感受到了王家卫惊人的才华，可他本人在自传中再三肯定的却是摄影师杜可风、色彩调配师和服装设计师张叔平，称他们为自己的左膀右臂。是他们的帮助，才有创意无穷的多角度镜头，才有了那么多漂亮的旗袍。

王家卫素以拍摄有定型人物的剧本著称，拍摄时靠的都是一时的灵感和表现的感觉，需要梁朝伟的配合、张曼玉的理解。因此，这部影片的成功，离不开这中间的任何一个因素，离不开所有人之间默契而紧密的合作，只凭王家卫个人的力量是不可能去体现他对电影的理念的。

人脑就像电池。当他一个人奋斗的时候，能量总是很容易消耗，就会变得无精打采，畏缩不前，此时想要成大事就必须先充电。因此，随时与头脑有活力，精力充沛的人保持联系，相互充电，能够激励我们的意志，变得积极和机智，爆发出更多的活力和激情。

但是，常言道："生意好做，伙伴难找"，懂得运筹帷幄的伙伴就更难求了。如果有一位能独当一面，协助自己成功的合作伙伴尤为难得。

美国著名的百货公司萨耶·卢贝克公司的创始人之一——理查德·萨耶是靠做小生意起家的。他一生最大的长处，也是他成功的最主要因素，就是他善于寻找得力的合作伙伴。

萨耶刚开始创业的时候，在铁路上当运送货物的代理商。为了避免退货的麻烦，萨耶想出了一个新的方法——邮寄。这样不仅退货率大大降低，也为买主增加了便利。这种"函购、邮寄"的方式，获得了意外的成功。

萨耶想自己的生意必须扩大规模，否则，这种成功的经营方法会被别

人借鉴，很可能赶到他前面去。

他饱尝了"伙伴难找"的滋味。他挑选了近五年，在一个月夜，这个注定要在萨耶事业中起关键性作用的人，自己骑着马来了。

他叫卢贝克，到圣·保罗去买东西，不料中途迷了路，已经饥肠辘辘，人困马乏。在皎洁的月光下，正在徘徊散步的萨耶看见了卢贝克，他邀请卢贝克到他的小店中休息，两人一见如故，困顿全无，一直谈到天将破晓。"我觉得你的想法非常好，只要经营得好，一定前程远大。"卢贝克热情地说。萨耶沉默了，他隐约地感到，他日夜寻觅的那个人就在自己眼前了，便说："既然你觉得这一行很有前途，何不参加进来，我们一起经营？"两人默默相视，然后隔着桌子热烈地拥抱在一起。以两人姓氏为名的世界性的大企业"萨耶·卢贝克公司"诞生了。

合作带来了新的财力和机遇，两人亲密合作，如虎添翼，公司第一年的营业额就比萨耶单干时增加将近10倍，达40万美元。第二年的发展更快，这种发展速度不仅让他们始料不及，而且明显地感到力不从心了。

他们决定为自己的生意找个合伙人。这可比找伙计要难多了。这种将相之才，恐怕也早已被人拉走了。萨耶和卢贝克几次三番地谋划，决定开阔视野，到一般的小商人中去寻找。大公司经理一般不屑于经营他们的杂货铺，而在平凡的人物中选拔适当的人才委以重任，他一定会全力报效。

终于有一天，一个布店的老板进入了他们的视线。

那天，萨耶与卢贝克路过一家布店，只见人们争先恐后地在抢购。等他们走近一看，店门前贴着的大纸上写道：衣料已售完，明日有新货。那些抢购的女人，唯恐明天买不到，都在预先交钱。伙计解释说，这种法国衣料原料不多，难以大量供应。萨耶看出端倪，知道并非因为缺少原料，而是因为销路不好，没法再继续进口。看到布店老板对女人心理如此巧妙的运用，以缺货来吊起时髦女人的胃口，他觉得这个老板的手法实在高人一筹，令人折服。

萨耶和卢贝克都认为这个老板就是他们要找的人。然而，当他俩与店主见面时，却大感意外。原来他就是经常到他们店里贩布的路华德。他们彼此已认识好几年，从没有深谈过，并且路华德也从未有过什么特别的举动。直到这次，他们才发现路华德的精明能干。

寒暄之后，萨耶开门见山地对路华德说："我们想请你参加我们的生意，坦白地说，想请你去当总经理。"当上总经理的路华德为报知遇之恩，工作非常投入，取得了惊人的成就。萨耶·卢贝克公司声誉日隆，10年之中，营业额竟增加了600多倍。一时间，该公司拥有30万员工，每年的售货额将近70亿美元。对于零售行业，这简直是个不可思议的天文数字。

萨耶就是这样凭借与朋友的合作，获得了后来的成功，如果当年他不善于发现和利用人才，没有与卢贝克和路华德合作，他的事业就不可能在最短的时间内获得那么大的成功。

世上有不少人获得了成功的人生，这是因为他们具有获得成功的条件。除去环境、机遇和个人能力等因素，处理好人际关系，特别是否于寻找合作伙伴，是最不容忽视的环节。

如何才能吸引有才能的朋友来合作呢？

一、用情感来感化

所谓情感，主要指友情和彼此的伙伴意识，满足合作者对友情的渴求，对方自然乐意助你一臂之力。

二、提高对方自我重要感

在提高其自我重要感方面，要明确地让对方知道，你多么需要他的帮助，而且除了他没有人有能力帮助你。这样能大大地满足对方的优越感，乐意为你效犬马之劳。

三、用利益来激励

千万不要轻视利益的重要性，因为利益是吸引合作者助你一臂之力的最关键因素。不过也不能因此就把对方看作是唯利是图的人，过分重视利益也会破坏彼此间的友谊。不给对方利益，会毁损你的魅力，给太多利益则可能适得其反。这之间的尺度，就靠自己根据具体情况去把握。

人生感悟

一项事业的发展，如果有了朋友的帮助，就会像往火里添柴一样，越烧越旺。在大多数情况下，想成功，必须寻求合作者的帮助。与你合作的人越多，你的运势就越旺，如果你又能正确地选择对你有帮助的人，成功必定指日可待。

感情投资最重要

在办事的过程中，情感是一种无形的资产，巧妙的运用这种资产，会收到意想不到的回报。但感情从何而来呢？它主要来自你的积累，来自你以前为现在的情感做的"投资"。

俗话说得好，"平时多烧香，急时有人帮"。真正善于办事的人都拥有长远的战略眼光，早做准备，未雨绸缪，这样在关键时刻就会得到意想不到的帮助。

日本哈维公司的山本董事长手腕高人一筹，他最懂得运用的就是感情投资的人情效应。

山本董事长处理人际关系的方式与一般企业家的不同之处是：不仅奉承公司要人，对公司里的年轻职员也同样殷勤款待。

山本长期承包一些大电器公司的工程，他总是想方设法将电器公司内各个员工的学历、人际关系、工作能力和业绩，做一次全面的调查，当他认为某个人大有可为，以后会成为该公司的要员时，就对这个职员尽心款待。山本董事长这样做的目的，是为日后获得更多的利益做准备。山本明白，十个欠他人情的人当中有九个会给他带来意想不到的收益。他现在做的"亏本"生意，日后会利滚利地收回。

当他看到合作的公司中有年轻职员晋升为科长时，他会立即跑去庆祝，赠送礼物。同时还邀请他到高级餐馆用餐。年轻的科长很少去过这类场所，因此，对他的这种盛情款待自然备加感动，心想：我从前从未给过山本董事长任何好处，并且现在也没有掌握重大决策权，山本董事长就这么看得起我，他真是位太好人！无形之中，这位年轻科长自然产生了感恩图报的心思。

如果这个职员感到受宠若惊，想借故推脱，山本就说："我们企业有今日，完全是靠与你们公司的合作。因此，我向你这位优秀的职员表示谢意。"这位职员就没有了心理负担，自然而然地与山本成了朋友。

这样，当有朝一日这些职员晋升至处长、经理等要职时，就会继续与他的公司保持合作关系。

在生意竞争十分激烈的时期，许多承包商倒闭的倒闭，破产的破产，而山本董事长的企业却仍旧生意兴隆，其原因是他平常人情投资多的缘故。

山本董事长的"放长线"手腕，显示了他运用人情效应的魔力。待人处事要有长远眼光，要有预见性的进行长期感情的投资，并耐心等待。因为依靠人情打通关系不是一时就能见效的，所以，我们在平时的人际交往中需要多多进行"感情投资"。只有在平时多替自己积攒一些人情，当自己有困难的时候才能得到别人的回报。

在生意场上，所谓"感情投资"，说简单点，就是在生意之外多一层相知和沟通，能够在人情世故上多一份关心和帮助。即使遇到不顺当的情况，也能够相互体谅，"生意不成感情在"。遇到投缘的人，有了成功的合作，感情也自然融洽起来。有了感情，互相付出自然不在话下。问题在于如何保持这种关系，使其天长地久。

其实，要保持长期的相互信任、相互关照的关系并不容易，仍然需要不断进行"感情投资"。

在商场上，各自都为各自的利益，人与人交往不能不防。所以由合作转为对立、人情变成敌意、最爱的人变成最恨的人的现象在商场上屡见不鲜。相互最仇视的对手，往往是原先最亲密的伙伴。反目为仇的原因，恐怕谁也说不清，留下的都是互相指责和怨恨。

之所以会走到这一步，往往都是因为忽略了长期的"感情投资"。很多人都有这种毛病，一旦关系好了，就不再觉得自己有责任去保护这种关系了，往往会忽略双方关系中的一些细节问题。结果小摩擦日积月累，就形成了难以化解的矛盾。

要想从感情投资中获得友情，进而在自己有困难的时候得到帮助。需要注意以下几点：

一、施恩时不要说得过于直露、挑得太明，以免令对方感到丢面子，脸上无光。帮别人的忙，不要四处张扬。

二、施恩不可一次过多，以免给对方造成还债负担，甚至因为受之有愧，与你疏远。

三、给人好处还要注意选择对象。像狼一样喂不饱的人，你帮他的忙，说不定还会被反咬一口。

人生感悟

　　要想办事顺利，就要提前准备筹划，把人情留好，办起事来就容易多了。俗话说："在家靠父母，出门靠朋友"，多一个朋友多一条路。要想人爱己，己须先爱人。只有时刻存有乐善好施、成人之美的心思，才能为自己多储存些人情的债权。这就如同一个人为防不测，须养成"储蓄"的习惯，这甚至会让他的子孙后代得到好处，正所谓"前世修来的福分"。

　　人们在关系亲密之后，总是对另一方要求越来越高，总以为别人对自己好是应该的，但是稍有不周或照顾不到，就有怨言。由此很容易形成恶性循环，最后损害双方的关系。

　　由此可见感情投资应该是经常性的，也不可似有似无，从生意场到日常交往，都应该处处留心，要从细节着手，时时落在实处。

懂得敬重，朋友多

　　要想多结交一些朋友，就必须对他人产生有效的影响力。最有把握的一个方法，就是设法让对方明白，你从心里对他敬重。

　　不懂敬重而伤害别人的自尊，无疑是人际纠纷和矛盾产生的最主要原因。威尔逊总统最后之所以在事业上遭到惨重的失败，就被归因于犯下了两个不可饶恕的错误，从而无可挽回地挫伤了支持者们的自尊心，使他们倒向了自己的对立面。

　　1918年11月，第一次世界大战的休战条约在威尔逊总统的主持下签署了，他也因此成为世界瞩目的伟大领袖。国内的共和党和民主党一致支持和拥护他，而国际上，他倡议下的国际联盟正在积极地筹备，美国在其中扮演领导角色似乎只是个时间问题。

　　然而，就在休战条约签署的前几日，威尔逊犯下了第一个大错：个人声望急剧膨胀的他，头脑发热，准备滥用民众的信任。他签发了一封愚蠢的信，要求在议会席位的选举中，选民只能投民主党议员的票。这极大地打击了那些忠诚地拥护他的共和党人，也给了想要攻击他的人以口实。结果，他的这道命令反而使共和党在上议院中获得了多数席位。紧接着，威尔逊又犯下了第二个致命的错误：他不听从朋友的劝告，在战后和平委员会里没有安排哪怕是一个上议院的议员，以及有号召力的共和党人。

　　威尔逊的做法，不仅激怒了统治上议院的共和党，连许多上议院里的民主党议员都开始反对他了。要知道，上议院有着非常大的权限，威尔逊希望通过的条约必须经过上议院的批准才能生效。威尔逊差不多是自己点燃了一把使自己崩溃的烈火。当威尔逊得意扬扬地从巴黎和会回来的时候，暴怒的敌人早已在那里恭候他了。他组织的国际联盟被否决，美国宣布退出国联；他主持签署的《凡尔赛和约》同样惨遭否决。

　　转瞬之间，威尔逊苦心经营的事业毁于一旦，而他的事业，竟完全毁在自己所制造出来的敌人手中。威尔逊犯下了任何一个领袖人物都应当避免的致命错误：那就是伤害别人的自尊心。

　　威尔逊的失败说明他不是一位称职的领袖。伟大的领袖人物之所以能够拥有巨大的权力，使千百万人都成为他忠心的效命者，大都是因为他能够使别人感觉到他们自身的重要性。

　　由此可见，伤害了朋友们的"自尊心"，足以使朋友反目成仇。那么，如果满足了对方的"自尊心"，又会怎么样呢？布吉斯说过这样一件关于美国总统麦金利的趣事。在美国与西班牙的战争爆发之前，他在华盛顿的宾夕法尼亚街上碰到了一位著名的国会议员。那位议员刚从白宫出来，迈着大步，帽子稍微向左边斜了一点，很欢快地挥着手杖，脸上带着温和的微笑。布吉斯上前向他打了个招呼："今天你似乎很高兴。"议员神采飞扬地说："不错，朋友，确实如此。我刚才在白宫里见到总统了。他用手臂勾着我的肩膀对我说道：'老兄，这次要打胜仗，全得靠你的帮忙了。'你看，他还要仰仗我呢！不错，我从前曾经在许多事情上反对过他，但是现在，我要拥护他了。"

　　布吉斯说："和他聊了几句后我们就分手了。我心里对麦金利总统结交

朋友的本领真是无比佩服。我知道总统同样还'仰仗'着别人，也取得了同样的效果，这使得大家一起帮助他获得了很多的胜利。"

确实，很少有人能比麦金利总统更懂得如何去获得别人的友谊与合作了。下面是敬重或尊重他人的方法：

一、诚恳地请教他人，无疑是对他们最好的恭维

应该注意到，当你请一个人贡献他们的意见的时候，这个人一定会很容易对你产生好感，这就是使别人感觉到自己具有重要性的最简单的方法。我们不需要像政治家那样，不厌其烦地将这种礼仪不断地表示给我们所希望合作的人，日常生活中，就对方感兴趣的问题向他请教，并与之共同商量解决的办法，就能很容易地获得他人的好感了。

当实业界大亨法夸尔还是个刚刚从乡下来的名不见经传的青年的时候，他就是应用了这种策略。获得了与当时纽约最有势力的人物见面的机会。

首先，法夸尔想方设法进入了雅各布·阿斯特的办公室。对这位鼎鼎有名的人物，他只说了这样一句话："我想请教您一下，如何才能成为像您一样的百万富翁呢？"

这句话听起来似乎不着边际，但体现的是法夸尔对人性敏锐的洞察力，他明白，什么样的话能体现"敬重"。果然，阿斯特听了此话之后，又诧异、又高兴，不仅耐心地和他聊了起来，还把他介绍给当时许多的著名人物，如菲什、斯图尔特、贝内特等。靠着这种洞察力，法夸尔最终也成为了百万富翁俱乐部中的一员。

很多有才干的人都会采取类似法夸尔的策略。我们常常可以看到，他们会就一些问题很诚恳地向别人请教，询问他们的意见，夸奖他们的才智，使他们真正感觉到受到了恭维。

"即使是一个外行，当他来向你提出一个建议的时候，哪怕这是一个很不中用的建议，也得鼓励他几句。"这是约翰·沃纳梅克关于对待职员的著名格言中的一条。在确保他手下职员的忠诚和热心方面，这确实不失为一种最有效的方法。

那些聪明的人，都会想办法让人觉得他很愿意听取他们的意见，并按照他们的意见来行事。只要有可能，他们更愿意使自己的计划看起来似乎就是别人提出来的，而丝毫不会表示这些意见其实就是他自己的。

还有一个比上述策略更为简单的能让别人的自尊心得到满足的方法，然而，它却常常被我们忽略，那就是向别人表示诚挚的欢迎。

生活中，对于那些见到我们就会表现出发自内心高兴的情感的人，我们该对他感到多么亲切啊！反之，如果对方以一种淡漠、随便的态度来招呼我们，又怎能不令我们感到失望、无趣！然而就是我们自己，在和别人相遇时，不也常常会忽略向别人表达出我们的喜悦之情吗？

早在伏克兰的事业刚刚开始时，他就发现了这种策略的神奇效果。当他还是一个年轻的车床工时，他在一次纠纷中败诉，法庭裁决他必须偿还四万美元的债务。当他沮丧地离开时，一个名叫希林的犹太衣料商主动找到他，提出为他偿付这笔为数不小的债务。喜出望外的伏克兰自然答应了，但他感到不可思议的是，这个人与他的关系仅仅只是认识而已。于是，伏克兰便问他肯帮助自己的原因。希林的理由很简单，他说，这只不过因为伏克兰是整个城里，在街上愿意主动与他很亲热地打招呼的几个人中的一个。

无论我们用什么方法去让人家感到他自己的重要性，根本的道理其实都是一样的：表示我们对他们的在意，对他们的事情真正感兴趣。

其实很多时候，一些更为简单的、非常自然的小举动，比如一个诚挚的招呼、一次会心的微笑，或者只是使人家知道你信任、欣赏他们，就足以使他们的好感完全倾向于自己。

人生感悟

没有尊重就没有朋友。尊重是交友、办事的前提。

待人真诚，朋友多

一个人只要对别人真心感兴趣，在两个月之内，他所得到的人情，就比一个要别人对他感兴趣的人，在两年之内所得到的人情要多得多。

《职业妇女》杂志主编琳·波维琪曾经在《新闻周刊》工作了二十五

年。她是以秘书受雇，后来升任为研究员，最后荣膺《新闻周刊》第一位女性资深编辑。这个职位表示她必须督导作家与编辑，而他们以前曾经是她的主管。波维琪回忆道："事情发生了有趣的逆转。"

其实，大部分的同事对她的晋升都相当认同，只有一位编辑不以为然。波维琪说："那位编辑从开始就无法接受这个安排，倒不是因为讨厌我，而是因为他认为我得到这个职位凭的只是性别，而非真才实学。我是从别人那儿听说他的想法，当着我的面，他什么都没表示过。"

波维琪尽量保持平静，她让自己尽快进入新角色。她协助提供故事的新点子，她经常与作家们交谈，她对辖下的六个部门——医药、媒体、电视、宗教、生活方式与概念——都表现出真正的兴趣。

波维琪晋升后的六个月左右，有一天，这位编辑走进她的办公室坐在她对面的椅子上，对她说："我得告诉你，当初我对你的晋升很不以为然，我觉得你太年轻、经验不足，只因为是女性就得到了这个职位。但是，现在我想告诉你，我真的很敬佩你对工作的浓厚兴趣，以及你对作家们与编辑们的真诚关切。在你以前的四位资深编辑，我对他们只有一个印象，那就是他们只把这个职位当做跳板，没有一位真正关切这份工作。而你却完全不同，你是真正对这份工作感兴趣，并且对每个人感兴趣的。"

毫无疑问，波维琪把她多年培养起来的管理风格带到她在《职业妇女》杂志的新职务上。她说道："你应该认真对待每一个人，绝对不能拒人于千里之外，而且必须经常与他们接触。我常常走动，以便与同仁交谈。我们有一套聚会系统，因此，每一位同仁都知道某一天的某个时间，会有机会与我单独谈话。他们一定会有机会、有时间说想说的话。我对他们的所作所为很感兴趣，我对他们的工作感兴趣，我对他们这个人本身更感兴趣。"

对他人表示真诚——只有这样才能令别人对你感兴趣。人们只有在别人的真诚关切下才会有所回应。

人生感悟

真诚地关心他人，没有比这更有效、更有价值的了。只有你真心待人，才可以获取更多人情，拥有更多朋友，你也会因此得到更多的回报。

让朋友知道事情办成后的好处

在求人办事中，如果对方感到答应你的要求的话，他是在进行无偿的奉献，他根本无利可图，得不到任何好处，这时，他自然不愿意给你办事。至少是积极性不会太高，有时还会给你使绊子，让你办事阻力重重。

要想办事顺利，在求朋友办事的时候，就要让朋友知道事情办成后会得到某种好处。要让朋友知道你求他帮忙办事，不是让他白帮忙，事成之后，他也会得到好处。

我们时常在电影电视上看到这样的镜头：一方给另一方暗示或许诺，若把某种事办成功了，我保证给你多少钱，或者某种好处。对方听了以后，精神为之大振，为了得到某种好处，或者由于某种好处的诱惑，他会尽最大的努力，想尽办法，排除万难，最后的结果是很快就把事办成了。

让朋友知道事情办成后的好处，这样做的好处是多方面的，诸如把某事情办好了，其事情本身就会给帮忙者带来好处；或者把事情办好后，会赢得升官发财的机会；或者把事情办好后，会得到对方的回报，满足自己某一方面的需要，这种好处可能是物质的，也可能是精神的。如果对方知道帮你办事会得到你所说的好处，对方肯定会努力去做的。

一、有好处和没好处，办事会有不同的结局

有好处和没好处，办事就会出现不同的结局。有好处，他会拼了命去给你办，没了好处，能办的事也不能办。

春秋时期范蠡被奉为中国商人的始祖。他曾辅佐越王勾践打败吴国，随后功成身退，移居别地经商，以他的聪明才智，很快便富甲一方。

后来，他的次子因杀人获罪而被囚在楚国，范蠡计划用金钱保全儿子的性命，他派长子去办这事儿，并写了封信让他带给以前的朋友庄生，并嘱咐长子说："一到楚国，你就把信和钱交给庄生，一切听从他的安排，不管他如何处理此事。"

范蠡的长子到达楚国，发现庄生家徒四壁，院内杂草丛生，一点也不

88

像个达官显贵的样子。虽说按父亲的嘱托把信和钱交给了庄生，但心中并不以为此人可以救出弟弟。

庄生收下钱和信，告诉范蠡的长子："你可以赶快离开了，即使你弟弟出来了，也不要问其中原委。"

但范蠡的长子由于心存疑虑，故并未离开，又接着去贿赂其他权贵。

庄生虽贫困，但非常廉直，楚国上下都非常敬重他，他的话在楚王那里也很有分量。庄生得了范蠡的好处，自然要为范蠡帮忙，救出他的次子。

庄生求见楚王，说近来某星宿来犯，于国不利，只有广施恩德才能消弥灾祸。楚王于是决定大赦天下。

范蠡的长子听说楚王大赦天下，觉得弟弟一定会被放出来。他觉得这样，送给庄生那么多的钱财不就如同白花一样吗？于是又去找庄生把送去的钱要了回来，心中还扬扬得意，以为又省了钱又办了事。

庄生没了好处，心里很不舒服，感觉到被范蠡的长子耍了。于是又去见楚王说："听说范蠡的儿子在我国犯罪被囚，现在人们议论说大赦是因为范蠡拿钱财贿赂大臣的缘故，这于您的名声不利啊。"几句话说完，楚王就决定先杀了范蠡的儿子再实行大赦。结果，范蠡的长子因不愿给人好处，而只好捧着弟弟的尸骨回家了。

这个故事告诉我们，求人办事，肯给人好处和不肯给人好处，结局是完全不同的。范蠡的长子因为不愿给办事的对方以好处，结果事没办成，还害死了他的弟弟。这个教训对我们求人办事来说，真是太深刻了。

二、让对方知道，事情办好了，他也能得到一份好处

埃克是美国一个大农场的农场主。他在自己的农场里种上了大片的棉花，棉花开花该摘的时候，他雇了许多工人来采摘。

有一天，埃克去农场巡视采摘情况，看到一些工人偷懒，地上也到处扔着雪白的棉花，十分可惜。埃克急了，他把工头们找来，让他解雇偷懒的工人，并要求不要乱丢弃棉花，工头们答应了。

过了一天，埃克又去农场巡视，发现情况依然存在，心里十分着急，因为严重浪费是一个方面，如果不抓紧时间采摘棉花，雨季一来，棉花将会毁掉了。

他弄不明白，为何自己每次来这里，都能看见偷懒的人和浪费的现象，

而那些工头天天在此，却好像没有看见一样呢？即使再三强调，却依然没有效果呢？

就此问题，埃克便去请教一位朋友，朋友告诉埃克："因为农场里的棉花是你一个人的棉花啊。"埃克一下子明白了过来，他这才认识到，因为那些工人得不到什么好处，所以有偷懒和乱丢棉花的现象，要想工人们把事办好，在雨季来临之前采摘完棉花，必须给那些工人们甜头和好处。于是，他立即召集所有的人开会，他在会上宣布："在雨季之前把棉花采摘完，工人们除了工资以外还可以得到采摘棉花收益的20%。"

开完会以后，埃克再去农场巡视时，再也没有发现偷懒的工人，地上也没有胡乱扔弃的雪白的棉花了。

现在很多求人办事的人都知道这个道理，许多企业和公司，就给职员以许诺，如果能够办好某事，比如签到合同，就按收益的比例给职员提成，这样做，就可以把很难办的事办成。

人生感悟

办事时，让对方知道，事情办好了，对方也会从中得到一份好处，那么他就会卖力为你办事。

抓住闲谈的机会，让他人认同你

现实生活中很多会交朋友的人，他们能抓住闲谈的机会，让别人认同他，并乐意为他办事。

求人办事的关键取决于相互之间的交流，许多事就是在不经意的闲谈中找到双方的共同点，在思想上和心理上产生一种共鸣，达成一种共识，从而获得别人的认同，把一些事轻而易举就办成了。

一、原来，友情就在一句话里

人与人之间交往，是从交谈开始的，闲谈是交朋友、拉近距离、在思想上沟通的有效手段。很多时候，通过闲谈，可以让两个毫不相干的陌生

人交上朋友。

有一次，一个人独自去看电影，然而看到一半时却停电了。他感到十分难受，因为旁边没有一个熟人可以交谈，没想到身边的人开口与他搭腔："没电真讨厌，咱们聊聊好吗？"这正合他的心意，本来他正想不出如何来打发这无聊的时光，准备起身离开电影院。于是两人海阔天空地闲谈起来，最后电影散场时两人竟成了好朋友，而且一直保持联系。后来他不无感慨地说："原来，友情就在一句话里面。"

闲谈是交流、引发共鸣、交上朋友的最好方法。

富兰克林·罗斯福从非洲回到美国，准备参加1912年的竞选。因为他是已故美国总统西奥多·罗斯福的堂弟，又是一位有名的律师，自然知名度很高。

在一次宴会上，大家都认识他，但罗斯福却不认识在场的来宾。这时，他看出虽然这些人都认识他，然而表情却显得很冷漠，似乎看不出对他有好感的样子。

罗斯福想出一个接近自己不认识的人并能同他们搭话的主意。于是他对坐在自己旁边的陆思瓦特博士悄声说道："陆思瓦特博士，请你把坐在我对面的那些客人的大致情况告诉我，好吗？"陆思瓦特博士便把每个人的大致情况告诉了罗斯福。

了解大致情况后，罗斯福在闲谈中随口向那些不认识的客人提出了一些简单的问题，从中了解到他们的性格、特点、爱好，知道他们曾从事过什么事业？最得意的是什么？掌握这些后，罗斯福就有了同他们闲谈的资料，并引起他们的兴趣，在不知不觉中，罗斯福便成了他们的新朋友。

闲谈会变不认识为认识，能广交天下朋友。

二、闲谈不要只谈自己的得意事

在与人闲谈中，即使是再好的朋友，也不要只谈自己的得意事。因为你的得意衬托出别人的倒霉，甚至认为你讲述自己的得意便是嘲笑他的无能。这样，对方肯定不会喜欢你，也不会认同你了。

如果你在闲谈中只顾谈自己的得意之事，还会让别人产生自己被比下去的感觉。

一次，有人约了几个朋友来家里吃饭，这些朋友彼此都是熟悉的。主

人把他们聚拢来主要是想借着热闹的气氛，让一位目前正陷入低潮的朋友心情好一些。

这位做老板的朋友前不久因经营不善，关闭了一家公司，妻子也因为不堪生活的压力，正与他谈离婚的事，内外交迫，他实在痛苦极了。

来吃饭的朋友都知道这位朋友目前的遭遇，大家都避免去谈与事业有关的事，可是其中一位朋友老吴因为目前赚了很多钱，酒一下肚，忍不住就开始谈他的赚钱本领和花钱功夫，那种得意的神情，连主人看了都有些不舒服。那位失意的朋友低头不语，脸色非常难看，一会儿上厕所，一会儿去洗脸，后来干脆提前离开了。主人送他出去，在巷口，他愤愤地说："老吴会赚钱也不必在我面前说得那么神气。"

主人非常了解他当时的心情，因为在多年前他也遇过低潮，正风光的亲戚在他面前炫耀他的薪水、年终奖金，那种感受，就如同把针一支支插在心上那般，说有多难过就有多难过。

因此要提醒你，与人相处，切记——不要在失意者面前谈论你的得意事。

如果你只顾谈自己最得意的事，对方就会有意疏远你，避免和你碰面，以免再见到你，于是你不知不觉中就失去了一个朋友。

和朋友闲谈的话题是很多的，可以多谈对方关心和得意之事，这样可以赢得对方的好感和认同。

很多人在闲谈中，往往忘记了这条根本原则，只知一味谈论自己或与自己有关的事情，而对于对方的感受根本不去理会，这样的结果是，各人只谈自己关心的事，谈话时貌合神离，导致交际失败。

林一达在某地区人事局调配科工作，他刚到人事局的时候，几乎在同事中一个朋友也没有。因为他正春风得意，对自己满意得不得了。因此每天闲谈中都使劲儿吹嘘他在工作中的成绩，比如：每天有多少人找他帮忙，昨天又有人硬是给他送了礼等，但同事们听了以后不仅没有分享他的成就，而且还极不高兴。

后来还是当了多年领导的父亲一语点破，他才意识到自己的症结在哪里。从此很少谈自己，而是多听同事说话。因为同事也有很多事情要吹嘘，把他们的成就说出来，远比听别人吹嘘更令他们兴奋。

后来，每当他有时间与同事闲聊的时候，他总是请对方滔滔不绝地把他们的欢乐炫耀出来，与其共同分享，只有别人问他的时候，才谦虚地说一下自己的成绩。

人生感悟

没有人会喜欢一个闲谈中只讲他自己，而不关心对方的人。人们只愿意与那些与自己有共同话题的人交往。

多给朋友面子，朋友就会为你办事

谁都知道。中国人死要面子。人没有面子，就不体面，不体面就吃不开，有时还会掉脑袋。

西楚霸王项羽兵败乌江时，就悲叹"纵江东父老怜而王我，我何面目见之!"所谓"何面目见之"，也就是"没脸见人"，更文雅的说法是"无颜见江东父老"。项羽为了他的颜面，为了自己的面子，自杀了。

"死要面子"，就是说宁愿死，也要面子。项羽为了面子而死，孔子的高足子路为了不丢面子，不惜结缨而去。甚至有的人，即便死了，也要争面子。

如此，我们看到人们对面子的重视程度。我们每个人都需要面子，而且都希望自己有面子，有面子就能被别人看得起，表明他的优越感。懂得这个道理，交友就会方便许多。只要你给朋友面子，朋友自然乐意回报你，为你办事情。

一、不给人面子就不好办事

不给人面子带来的后果有时是很严重的。

三国名将关羽，过五关，斩六将，温酒斩华雄，匹马斩颜良、诛文丑。擂鼓三通斩蔡阳。"百万军中取上将之首，如探囊取物"，可谓英雄。

然而，这位叱咤风云、威震三军的一世之雄，下场却很悲惨，居然被吕蒙奇袭，兵败地失，被人割了脑袋。

关羽兵败被斩的最根本原因是蜀吴联盟破裂，吴主孙权兴兵奇袭荆州。吴蜀联盟的破裂，原因很复杂，但与关羽其人骄横、处处不给人面子有着密切的关系。

诸葛亮离开荆州之前，曾反复叮嘱关羽，要东联孙吴，北拒曹操。但他对这一战略方针的重要性认识不足。他瞧不起东吴，也瞧不起孙权，致使吴蜀关系紧张起来。

关羽驻守荆州期间，孙权派诸葛瑾到他那里，替孙权的儿子向关羽的女儿求婚，以"求结两家之好"，"并力破曹"，这本来是件好事，但关羽没有利用这一良机，进一步去巩固蜀吴的联盟，竟然狂傲地说："吾虎女怎肯嫁犬子乎？"

不嫁就不嫁嘛，又何必如此出口伤人？后来这话传到孙权那里，让孙权很没有面子，致使双方关系破裂？关羽被自己的盟友所杀。

俗语说："蚊虫遭扇打，只为嘴伤人。"以尖酸刻薄之言讽刺别人，只图自己嘴巴一时痛快，殊不知会引来意想不到的灾祸。人与人之间原本没有那么多的矛盾纠葛，往往只是因为有人逞一时之快。说话不加考虑，只言片语伤害了别人的自尊，驳了别人的面子，让人下不来台，心中怎能不燃起一股邪火？有了机会，就会报复，这也是情理之中的事。

公元前605年，楚人献给郑灵公一只特大的鳖，灵公用它来大宴群臣，却唯独不让子公吃。这是因为，一次上朝，子公的食指自己动了起来，他便对别的大夫说："我的食指一动，就能尝到非同一般的美味。"灵公，不想让子公的话兑现，不让子公吃鳖，这显然是不给子公面子。子公为了挽回面子，就径直走向烹鳖的鼎前，染指于鼎，尝之而出。子公挽回了自己的面子，却扫了灵公的面子，双方只好翻脸。只不过子公抢先一步，弑杀灵公，并给他弄一个"灵"的谥号，让他永远没面子。

交朋友，要懂得面子之道。首先就是要懂得如何照顾朋友的面子。倘若你自恃自己面子大，不把别人放在眼里，碰上死要面子的朋友，就可能不吃你那一套。甚至可能撕下脸皮和你对着干，这样常会把友情搞糟。

西晋时，钟会去拜访嵇康，遭到冷遇，嵇康当时正在打铁，没空理他。"扬槌不辍，旁若无人"，钟会被大大地驳了一回面子，他吃不消，于是就去报复嵇康。他向司马昭进谗言，让嵇康上了法场，人头落地。

这叫以牙还牙，以眼还眼，是人际关系中常见的一条准则。无论恩仇，都要回报，因为，老子早就说过"来而不往，非礼也"，不但要回报而且回报的级别，往往大于给予者。人敬我一尺，我敬人一丈。同样。你伤了我的面子，我一定要剥了你的皮。

由此可见，不给朋友面子，自己不仅得不到好处，还有可能受到对方的伤害，反而对自己不利。不如给朋友留足面子，以便以后好说话好办事。

二、越是公共场合，越要给别人留面子

面子是给人看的，所以越是公共场合，越要多为对方着想，给对方留足面子。

1953年，周恩来总理率中国政府代表团慰问驻旅大的苏军。在我方举行的招待宴会上，一名苏军中尉在翻译总理所讲的话时，译错了一个地方。我方代表团的一位同志当场作了纠正。这使周总理很意外，也使在场的苏联驻军司令大为恼火，因为部下在这种场合的失误使这位司令有些丢面子，他马上走过去，要撕下中尉的肩章和领章。

宴会厅里的气氛顿时显得非常紧张。这时，周总理及时为对方提供了一个"台阶"，他温和地说："两国语言要做到恰到好处的翻译是很不容易的，也可能是我讲得不够清楚。"并慢慢重述了被译错的那段话，苏军翻译仔细听完后，准确地翻译出来，缓解了紧张气氛。

周总理讲完话在与苏军将领、英雄模范干杯时，还特地同苏军翻译单独干杯。苏驻军司令和其他将领看到这一景象，在干杯时眼里都含着热泪，那位翻译被感动得举杯久久不放。

为什么在社交场合要特别为对方留面子，注意给对方"台阶"下呢？这是因为在社交场合，每个人都展现在众人面前，因此都格外注意自己社交形象的塑造，都会比平时表现出更为强烈的自尊心和虚荣心。在这种心态支配下，他会因为你没有给他留面子，而产生比平时更为强烈的反感。

在社交活动中，能适时地为陷入尴尬境地的对方提供一个恰当的"台阶"，使他免丢面子，这是为人处世的原则。这不仅能使你获取对方的好感，而且也有助于你树立良好的社交形象。否则，对方没能下得"台阶"出了丑，可能会记恨你一生。相反，若注意给人"台阶"下，可能会让人对你感激一生。

有时，人难免因一时糊涂做一些不恰当的、"错误"的事。遇到这种情况，一定要尽量避免触及对方所避讳的敏感区，避免使对方当众出丑。必要时可委婉地暗示对方知道他的错处或隐私，便可造成一种对他的压力。但不可过分。只需"点到而已"，绝不能伤了对方的面子。

在广州一家著名的大酒店，一位外宾吃完最后一道茶点，顺手把精美的景泰蓝食筷悄悄"插入"自己的西装内衣口袋里。

服务小姐不露声色地迎上前去，双手擎着一只装有一双景泰蓝食筷的绸面小匣子说："我发现先生在用餐时，对我国景泰蓝食筷有爱不释手之意。非常感谢您对这种精细工艺品的赏识。为了表达我们的感激之情，经餐厅主管批准，我代表本店，将这双图案最为精美并且经严格消毒处理的景泰蓝食筷送给您，并按照大酒店的'优惠价格'记在您的账上，您看如何？"

那位外宾当然会明白这些话的弦外之音，在表示了谢意之后，说自己多喝了两杯"白兰地"，头脑有点发晕，误将食筷插入内衣袋里，并且聪明地借此"台阶"说："既然这种食筷不消毒就不好用，我就'以旧换新'吧！哈哈哈。"说着取出内衣里的食筷恭敬地放回桌上，接过服务小姐给他的小匣，不失风度地向付账处走去。

巧妙地指出对方的错误，又为对方留足了面子，这是最好不过的了。

三、用面子换面子

你可以赢得一场战争，但未必能赢得真正的和平。你伤害过谁也许早已忘了，可是被你伤害的那个人却永远不会把你忘记。其实，不伤朋友的面子，不仅是给朋友面子，也是给自己面子，面子换面子，善用面子好办事。

据说，一年得到百万美元薪水的人屈指可数，其中一位就是美国钢铁大王安德鲁·卡内基的助手查利斯·施瓦布。为什么卡内基付给施瓦布年薪100万美元，即每天3000多美元呢？正如卡内基亲自为他写的墓志铭上说的那样，他是"一位知道如何将那些比自己聪明的人团结在身边的人。"也就是说，施瓦布善于给别人面子，以面子换来面子，换来那些为他打天下的人。

有一天中午，施瓦布从一个钢厂走过，看到几个雇员正在车间里吸烟，正好那块"严禁吸烟"的大招牌就在他们的头顶上。

施瓦布没有指着那块牌子对他们说："你们站在这里抽烟，难道你们都

是文盲吗？"而是朝那些人走过去，友好地给每个人递上一支雪茄，并说："孩子们，如果你们能到外面去抽掉这些雪茄，我将十分感谢。"

那些吸烟的人立刻意识到自己错了，对施瓦布就自然产生了好感，因为他没有简单粗暴地斥责他们。在纠正了错误的同时，并没有伤害他们的自尊。这样的领导，谁还愿意和他作对，不努力去工作呢？

因为他们的上司在提醒错误的同时，使得他们保住了面子，他们也应该给上司面子，把自己的工作做得更好。

人世间讲究以恩报恩，以怨报怨，那么与其伤朋友的面子，不如给他一个面子，让他欠你的情，他日回报的面子一定大于你给他的，滴水之恩，涌泉相报。

诸葛亮之所以一生追随刘备，就是同为刘备给了他太大的面子。刘备第一次屈身去请，诸葛亮适逢外出。第二次去请，诸葛亮正在睡觉，一直到第三次，诸葛亮才与他交谈。如此大的面子，诸葛亮怎能不以忠心相报。这位历史上最出名的谋士，被请出山时还是满头青丝，等他去世的时候，已是萧萧一老翁了。诸葛亮不仅全心回报了刘备，也回报了其儿子刘禅的面子，最后死在战场上。

人生感悟

朋友相交，也要会用面子。你给朋友面子，朋友自然也会回报你，如果你有什么事需要朋友帮个忙，只要朋友还你一个面子，你的事就差不多了。

适当透露隐私换取亲和力

对于别人的隐私，人们都有一种好奇心理，你若想尽快和别人搞好关系，达到办事的目的，不妨适当利用一下隐私。

在办事的过程中，稍稍透露自己的隐私或缺点，对方会感到你这个人很诚实，因此，感到你容易亲近。这一点，特别重要。

有位心理学家在纽约市的广播节目中介绍了三位候选人后，要求听众从三个人中选出一个人来。关于这三个候选人的情况，首先介绍了第一位，他具有政治家的资历和学历；然后介绍了第二个人的实际工作成绩；关于第三位候选人，只介绍了他的私生活，例如他非常疼爱孩子、吸烟、每天带着狗去散步等琐事。

投票的结果是第三位候选人获得了压倒性的胜利，尽管选民们不知道他作为政治家的能力如何。这大概是因为这位候选人让选民们感到最容易亲近吧。这个实验表明，选民们投票时的判断标准，比起政治来他们更重视候选人是否让他们感到亲切。这个心理实验还告诉我们，要让一个人对你感到亲切，就应该与对方进行具有人情味的交流。

三木武吉曾经是日本很有名的政治家。一次竞选中，他曾到川备县的高松市去演讲。当他讲到"战后的日本怎样才能马上恢复建设"时，突然，听众席中传来一个妇女的喊声："喂，三木武吉，你不是娶了6个老婆吗？像你这样的人怎么能治理好日本呢？"

三木武吉听后没有惊慌，他镇静自如地回答道："这位女士，确实如此，我年轻时是个享乐主义者，娶了好几个妻子，而且战争中也常带着她们东躲西藏地避难，可以说是男人的劣根性。但现在，她们都已经人老珠黄，不中用了。如果我把她们抛弃了，今后谁来养活她们呢？还有一点你说得不正确，是7个，不是6个。"听了他的回答，全场立即响起了热烈的掌声。选举的结果是三木武吉以压倒性高票当选。

在谈话中，三木武吉巧妙地透露了自己的隐私，使选民的反感情绪变成了对他的亲近感和好感，从而获得选民的支持，最后大获成功。

这在人际关系中是同样适用的，在交谈时稍稍透露出你的个人隐私和缺点，反而能使对方对你产生好感。

如果你在人际交往时，把自己扮成神秘的角色，对自己的隐私完全隐瞒，那对方肯定认为你并不信任他，认为你没有把他当成朋友，没有把他当成知己，自然而然地，对方不会亲近你，更不要提为你办事了。

无论是谈话还是办事，稍稍透露一下自己的弱点可以创造更加融洽的人际关系。

在特定情况下，有意暴露自己某些方面的弱点，对方更容易接受，从

某种意义上说，这是一种相当高明的交际策略。

曾有一位记者去拜访一位政治家，目的是获得有关他的一些丑闻资料。然而，还来不及寒暄，这位政治家就对想质问他的记者说："时间长得很，我们可以慢慢谈。"记者对政治家这种从容不迫的态度大感意外。

不多时，仆人将咖啡端上来，这位政治家端起咖啡喝了一口，立即大嚷道："哦！好烫！"咖啡杯随之滚落在地。等仆人收拾好后，政治家又把香烟倒着插入嘴中，这时记者赶忙提醒："先生，你将香烟拿倒了。"政治家听到这话之后，慌忙将香烟拿正，不料却将烟灰缸碰翻在地。

平时趾高气扬的政治家出了一连串的洋相使记者大感意外，不知不觉中，原来的那种挑战情绪消失了，甚至产生了对方非常容易亲近的感觉。

整个过程，其实是政治家一手安排的。当人们发现杰出的权威人物也有许多弱点时，过去对他抱有的恐惧感就会消失，而且由于受同情心的驱使，还会让对方产生某种程度的亲密感。

每个人都有弱点，坦露自己的弱点，在某种情形下，将能成为强有力的武器。

在美国加州大学一位著名教授的生物课上，他向学生们讲述着他做的老鼠实验的结果。此时有一名学生突然举手发问，提出了他的看法，并问这位教授："假如用另一种方法来做，实验结果将会如何？"所有的听众全都看着这位教授，等着他的回答。结果这位教授却不慌不忙，直截了当地说："我没做过这个实验，我不知道。"

一般人都有不想让别人看出自己弱点的心理，因此很难开口说"不知道"。岂不知，有时承认不知道，反而可以增加人们对你的信任感而亲近你。

因为直截了当地说"不知道"，会给人留下非常诚实的印象，而且敢于当众说"不知道"，其勇气足以让人佩服。这样，人们对你所说的其他观点，一定会认为是千真万确的，对你出就会更加信任。此外，通过说"不知道"，也拉近了你与众人的距离，使你在可信的同时显得更加亲切。维纳斯之所以被人誉为美神，就在于她的残缺美，折断的双臂不仅没有令她黯然失色，反而使她闻名于世。所以，不要怕暴露你的缺点，有时它会使人觉得你更加诚实可信。

在人际交往尤其是谈话的过程中，稍稍透露自己的隐私和缺点，对方会感到你很亲切，觉得你这个人诚实，值得信任。

人情投资很重要

俗话说："在家靠父母，出门靠朋友"，多一个朋友多一条路，人情就是财富。人际关系一个最基本的目的就是结人情、有人缘。求人帮忙是被动的，可如果别人欠了你的人情，求别人办事自然会很容易，有时甚至不用自己开口，只要遇到困难别人也会倾囊相助。做人做得如此风光，大多与善于结交朋友，乐善好施有关。人情投资是交际学中最基本的策略和手段，灵验度通常为99%。

对于那些正处于困境中遭受磨难的人来说，你的一点同情之心是远远不够的，具体的帮助才是最实在的，通过你的援助使其渡过难关，这种雪中送炭、分忧解难的行为最易引起对方的感激之情，进而形成友情。比如，一个农民做生意赔了本，他向几位朋友借钱，都遭回绝。后来他向一位平时交往不多的乡民伸出求援之手，在他说明情况之后，对方毫不犹豫地借钱给他，使他渡过难关，他从内心里感激。后来，他发达了，依然不忘这一借钱的交情，常常用些特别的方式来帮助那个曾经帮过他的人。当然，对方得到的早已经是当初相助的几倍。

落井下石、借刀杀人、拼命打压，你可能会少一个竞争对手。但切不可忘记，即使你真能扼杀了对方，总会有新的竞争对手崛起。一个人不可能永远独霸世界。正如"野火烧不尽，春风吹又生"，没有人永远都是胜者。

人们总是说"十年河东，十年河西"、"风水轮流转"，厄运何时又会光顾你呢？因此，正确的做法应该是：救人于危难之间，不但得到了人缘、信誉及声望，你的形象实际上为你日后创大业、赚大钱埋下了伏笔。不仅是积善积德，更是留下了人情，要为自己的以后考虑。

周瑜是三国时期杰出的吴国将领。有一次，周瑜因为军队中缺少粮食而为难，有人献计，说附近有个乐善好施的财主鲁肃，他家素来富裕，想必囤积了不少粮食，也许可以去向他借一些以缓急之用。

于是，周瑜立马带上人马登门拜访鲁肃，刚刚寒暄完，周瑜就直接说："不瞒老兄，小弟此次造访，是想向您借点粮食。"鲁肃一看周瑜丰神俊朗，日后必成大器，他想与周瑜深交，哈哈大笑说："此区区小事，我答应便是。"说完，鲁肃就亲自带周瑜去粮仓装粮食。

此时，鲁肃家里刚好存有两仓粮食，鲁肃痛快地说："也别提什么借不借的，我把其中一仓送给你好了。"周瑜及其手下一听他如此慷慨大方，都愣住了，要知道，在饥馑之年，粮食就是生命啊！周瑜被鲁肃的言行深深感动了，当下就交了这个慷慨相助的朋友。后来，周瑜打了胜仗，当了将军，他牢记鲁肃的恩德，将他推荐给孙权，鲁肃这才得以施展本领的机会。

曾经，你雪中送炭救他人于水深火热；总有一天，他人就会给你雨中送伞。

人生感悟

雪中送炭、慷慨解囊是施恩的一大特征，别人有难处才需要帮忙，这是最起码的常识。我们内心都有一些需求，有紧迫的，有不重要的，而我们在急需的时候遇到别人的帮助，则内心感激不尽，甚至终生不忘。濒临饿死时送一只萝卜和富贵时送一座金山，就内心感受来说，是完全不一样。所以要拥有一个好人缘，便应把握时机，一定要在对方最需要的时刻及时出手相助。

不要轻易给自己树敌

无论什么样的人，一生之中都避免不了遇到和自己意见、观点、性格相反的人，但是有时不要老是和别人斤斤计较，忍一时风平浪静，让一步海阔天空。处处与人为敌，只能惹得狼烟四起，只能让自己四面受敌。

朋友多了路好走，一点也不假，出门在外，就要随和一点，用热情、友好的态度与身边的人和平相处。多个朋友多条出路。与其树人为敌，不如化敌为友，没有必要给自己树立太多的敌人，只有这样路才会越走越宽，越走越顺。

一、别给自己树敌太多

"多个冤家多堵墙。"因此，我们在为人处世中，要尽量少树敌。因为一个人破坏的速度大于十个人建设的速度，要知道，为人处世的重点不在于朋友的多少，而在于敌人的多少。

对于那些志不同、道不合、没有共同语言的人，如果你实在是觉得难以与之沟通，或者耻于与之为伍的话，那么，即使不做他们的朋友，也要注意不能成为他们的敌人。

中国唐代著名的军事家郭子仪，晚年退休家居，忘情声色来排遣岁月。有一天，御史大夫卢杞来拜访他，他正在与一群家里所养的歌妓们纵情玩耍儿。

当他听到下人的禀报时，马上命令所有女眷，包括歌妓，一律回避，等到卢杞走后，家眷们问他："你平日接见客人，都不避讳我们在场，为什么今天接见一个书生却要这样的慎重？"郭子仪说："卢杞很有才干，但心胸狭窄，报复心强。而且他半边脸是青的，你们女人看了一定不是惊吓，就是发笑。如此一来，卢杞就会记恨在心，一旦得志，你们和我的儿孙就没有好日子过了！"

几年之后，正如郭子仪所言，卢杞果然做了宰相，凡是过去看不起他、得罪过他的人，一律没能免掉杀身抄家的冤报。只有对郭子仪的全家，即使稍稍有些不合法的事情，他还是曲予保全，因为，他认为郭令是非常尊重他的。

据史书记载，被郭子仪所提拔的部下有六十多人，后来都出入相将。他的八个儿子加七个女婿，都是达官显贵，这一结局与郭子仪平日的为人处世是不可分割的。

当然，身处职场的你，更是万万不可树敌，职场圈子窄，山水有相逢。今日种下的因，不知道哪一天结出苦果？曾经有位经理早年欺侮手下的小助理，没料到小助理几番辗转爬上大经理的位置，有一天竟面试到当

初欺负她的恶人经理。自然，这个落魄的经理没有被录取。人性有个弱点就是，你给他好处他未必感激，甚至认为理所当然；但你一旦得罪了他，他必会怀恨在心。现在，我们反观郭子仪的聪明之处就在于：宁可得罪君子，也不能得罪小人！因为君子胸怀宽广，得罪了他也不会斤斤计较；但是小人却是睚眦必报，如果得罪了，他会记恨你一辈子。如果有一天他得志了，那对你来说绝对是一场噩梦的开始。

曾经，有一位非常成功的女性说过这样一段话，她说："我从未见到办公室的同事在背后说别人的好话，他们的字里行间和语气里总是或多或少在想法贬损别人。如果有一句好话从他们嘴里吐出来，那恐怕是因为他们有共同的利益。当这共同的利益一旦消失，他们虽然不至于变成敌对关系，但至少他们彼此间的热情会消失，并且会在暗地里对对方虎视眈眈。"

也许你觉得有些夸张，但是，不能不承认，在职场上，的确有一些人想成功，想升职加薪，因而不择手段地争权夺利。所以，为了避免遭到暗中的"敌人"的伤害，在与同事相处的过程中，要尽量与人为善，不要四处树敌。身在职场，与周围的人建立融洽的关系是非常重要的。因此，作为职场中人，不要背后说人坏话，与周围的人发生分歧乃至矛盾时，要学会宽容和克制，不要只考虑自己，并且要学会帮助别人。如果不懂得这些道理，那就难免会在不知不觉中树敌，给自己种下一颗厄运的果实。

二、如何避免自己在无意中树敌

无论引起人类"仇恨"的原因是什么，哪怕只是一些鸡毛蒜皮的琐事，它一旦在人心里种下种子，就会像肿瘤细胞一样，在不知不觉中侵蚀健康的肌体。如果你在职场上的日子过得很不顺利，先不要怪别人对你不好，而是应该首先冷静地想一想，是不是你正在做一件非常让他难堪的事情？或者你曾经做过什么得罪他的动作？

如何来应对及预防这些情况的发生？关键词就是：不要树敌。树敌太多，你的事业将会困难重重。为了避免树敌太多，第一步要做的就是，你需要养成一个习惯，那就是绝不要去指责别人。指责是对人自尊心的一种伤害，它只能促使对方起来维护他的荣誉，为自己辩解，即使当时不能，他也会记下来，总之，只要一有机会，他就会伺机报这一箭之仇。

第二，对于对方明显的错误说法，你最好不要直接纠正，否则会好像

故意要显得你高明，从而又伤了别人的自尊心。在生活中一定要记住，凡是没有必要的争论，要多给对方以取胜的机会，这样不仅可以避免树敌，另外，还会让对方对你充满好感。

如果，因为你的过失而伤害了别人，你要及时向别人道歉。这样的举动可以化敌为友，彻底消除对方的敌意。说不定你们会因此相处得更好。正所谓"不打不相识"！

第三，与人争论时不要逞强，占上风不一定就是好事。实际上，争吵中没有胜利者。即使当时你得了口头的胜利，但与此同时，你又多了一个对你心怀怨恨的敌人。当然，尽量避免争吵才是最正确的做法。争吵不仅容易结怨树敌，更加严重的是会破坏自己的形象，可谓是坏处多多。

人生感悟

微笑是秋日里结出的丰硕果实，映照着你丰收后喜悦的心情；微笑是冬日里烘焙大地的暖阳，化解我们人生的严寒；微笑是滋养幸福的养料；微笑是打开心灵窗户的钥匙；微笑是沟通心灵的桥梁；微笑是传递友善的火把……因此，为人处世的时候，多以笑脸迎人，会让你的人生之旅走得更顺利。

控制脾气，化敌为友

人们大都愿意和一个沉着冷静的人谈生意。一个能够提高自我控制并保持沉着的普通商人，会发现自己的生意蒸蒸日上。

1915年，美国工业史上发生了历时两年的最激烈的罢工，而小洛克菲勒那时还是科罗拉多州一个不起眼的人物，正负责管理着员工罢工的两家公司，原因是愤怒的矿工要求"科罗拉多燃料钢铁公司"提高薪金，由于群情激奋，破坏了公司的财产，军队被要求前来镇压，因而造成了流血。

就是在这样民怨沸腾的情况下，小洛克菲勒花了好几个星期结交朋友，并向罢工者代表发表谈活。那次的谈话可称之为不朽，不但平息了众怒，还

为自己赢得了不少赞赏。从而使他赢得了罢工者的信服,演说的内容如下:

这是我一生当中最值得纪念的日子,因为,这是我第一次有幸和公司的员工代表见面,还有公司行政人员和管理人员。

我可以告诉你们,我很高兴站在这里,有生之年都不会忘记这次聚会。假如这次聚会提早两星期举行,那么对你们来说,我只是个陌生人,我也只认得少数几张面孔。由于上个星期以来,我有机会拜访整个南区矿场的营地,私底下和大部分代表交谈过。我拜访过你们的家庭,与你们的家人见面,因而现在我不算是陌生人,可以说是朋友了。基于这份互助的友谊,我很高兴有这个机会和大家讨论我们的共同利益。

这个会议是由资方和劳工代表所组成,承蒙你们的好意,我得以站在这里。虽然我并非股东或劳工,但我深觉与你们关系密切。从某种意义上说,也代表了资方和劳工。

就是因此番出色的演讲,让公司与员工化敌为友。试想假如小洛克菲勒在那种非常的场景下缺乏冷静,控制不了自己的脾气而与矿工们争得面红耳赤,用不堪入耳的话骂他们,用各种理由证明矿工的错误,你想结果如何?恐怕只会招来更多的怨愤和暴行,让矛盾进一步升级。

作为社会的一员,要懂得时刻控制自己的情绪和情感,让自己可以冷静理智地处理问题,用积极的情感激励自己进取上进,加强自己与他人之间的交流与合作。但是,控制并不等于是压抑,不要过于压抑自己的脾气,找个适当的途径发泄一下也无可厚非。

人生感悟

腹有诗出气自华。每个人都应该远离暴躁,不要让自己的坏脾气伤及他人,从而做一个有知识、有文化、有修养的人。

敞开胸襟,接受下属正确的建议

作为一名领导者,你必须拥有成熟、包容的胸襟,才能接受不同的意

见，同时广纳多种不同的观点。

桑顿，一个曾经为福特汽车提出"神童"计划的策划人，后来他又创建了桑顿企业，并使之发展成为一家大型企业。他坚决拥护诚实率真的思考，同时，鼓励下属发表各种不同的建议。桑顿从来都不赞成"集体的思考"，他命令每个人都要提出自己的意见。他曾经说过这样一句发人深省的话："我曾经有过一位总经理，做了一个错误的决策，我决定告诉他，他却对我说，他评断员工是否忠心的标准就是看他们是否明知错误仍去执行他的决定。而我的评估标准就是看他是否会不顾一切地指出我的错误。"

IBM的前总裁沃森对听取别人意见和建议的重要性也有非常深刻的理解："我从不会犹豫提拔一个我不喜欢的人升职。体贴入微的助理或你喜欢带着一起去钓鱼的人对你可能是个大陷阱。我反而会去找那种尖锐、挑剔、严厉、几乎令人讨厌的人，他们才看得见、也会告诉你事情的真相。如果你身边都是这样的人，如果你有足够的耐心倾听他们的忠告，你的成就与财富将是不可限量的。"

作为一名领导者应该敞开胸襟，倾听下属的提议，广纳多元化的观点。如果你把员工当成大人物一样去看待，那么总有一天你也将会成为他们心中真正的"大人物"。

人生感悟

　　作为一名领导者就要海纳百川、广纳贤言。桓宽在《盐铁论·制议》中曰："多见者博，多闻者智，拒谏者塞，专己者孤。"《史记》中载商纣王："帝纣资辩捷疾，闻见甚敏；材力过人，手格猛兽。"但其暴敛重刑，沉迷酒色，知足以拒谏，言足以饰非，致民怨四起，国灭人亡。这个结果值得每一个领导者深思。

借人情，留退路

　　三国时期，曹操率兵征讨刘备，结果在赤壁一役，被孙刘联军一把大火，烧得差点全军覆没，在万分窘迫的情况下，带领残军败将准备从华容小道逃回许都，结果被蜀汉大将关羽领兵截住。以逸待劳而且兵强马壮的关羽本来可以趁此大好时机将曹操拿下，但是最终他却没有这么做，而是放虎归山，任由曹操逃脱。没能拿到曹操的关羽因为在军师诸葛亮面前立下军令状，回去差点被砍头。

关羽为什么没能把握这个大好时机，宁肯冒着被杀头的危险轻易放走蜀汉最大的对头呢？主要是因为关羽在和刘备失散的那段时间里，曹操对他极为优待，留了一个大大的人情。

重情重义的关羽在曹操的生死关头，不能不考虑这一点。从这点来说，华容道上拯救了曹操的其实是他自己。

大凡能成事的人都是善于做人情的高手，曹操如此，刘邦也是这样。韩信本来在项羽手下做事，但是不得重用，于是转而投奔了刘邦，被封为大将军。

在楚汉相争的关键时候，刘邦领兵与项羽对峙，韩信带兵平定了齐国以后给刘邦上书，说为了齐地的安宁，请刘邦封他为假齐王。正被项羽打得喘不过气来的刘邦虽然很生气，但还是答应了韩信的要求，封他为齐王。刘邦的这番举动让韩信感觉欠了他很大的人情。

齐国人蒯通知道天下的胜负取决于韩信，就对他说："相你的'面'，不过是个诸侯，相你的'背'，却有帝王之资。刘邦、项羽二人的命运都悬在你手上，你不如两方都不帮，与他们三分天下。以你的才能，加之手握兵权，还有强大的齐国为后盾，将来天下必定是你的。"

韩信却说："汉王待我恩重如山，让我坐他的车，穿他的衣服，吃他的饭。我听说，坐人家的车要分担人家的灾难，穿人家的衣服要考虑人家的忧患，吃人家的饭要为人家效力，我与汉王感情深厚，怎么能背信弃义反叛他呢？"

过了些天，蒯通又去见韩信，而且他还告诉韩信，时机失去了便不再来。韩信却犹豫不决，因为刘邦对他情深义重，他不愿背叛刘邦。

刘邦尽管在做了皇帝以后大肆屠戮功臣，包括韩信在内的一大批文臣武将都惨遭杀害，但是在他需要这些人帮他打天下的时候，却能很好的利用人情，拴住他们的心，使得他们尽心尽力为他卖命，光从这一点上来说，刘邦无疑是很成功的。

反观刘邦最大的对手项羽，虽然英雄无敌，但是在办事上却一塌糊涂，既不能人尽其才，白白放着韩信这样的人才不知道使用，直接将他送给了刘邦。

对自己的亲信和谋臣也不放心，自己称王了，却不想让手下的弟兄做官，该赐爵的时候，爵印棱角都磨损了，还舍不得发下去，最后弄得众叛亲离，自刎于乌江。

人人都说刘邦不如项羽，但是在人情世故这一点上，项羽却远远比不上刘邦，这恐怕才是他失败的根源所在。

古人云："世事洞明皆学问，人情练达即文章。"随着社会的快速发展，人际关系也更加复杂多变，所以在打造人际关系网络的时候，万万不可马虎，需要动用更多的心思和手段。建立人脉关系时，一定要注意借用人情，因为人情是大家都能接受的，想要搞好人脉关系，就得牢牢地掌握它。不要吝啬你的情感，更不要吝惜你的热情，能给别人提供帮助的时候千万不要犹豫，能照顾到的人情万万不可放过，因为说不定某一天你的人情就能派上用场。

人生感悟

在办事时，人情是至关重要的，若忽视了这一点，可能会事事不顺，而把握了这一点，则可能路路畅通。

第四篇

借力使力不费力

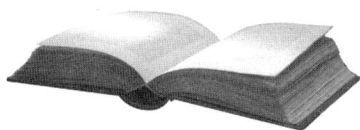

借力可以办大事

诸葛亮草船借箭的故事家喻户晓，其妙就妙在一个"借"字。生活和工作中，求人办事，很多事情不是靠一个人的力量可以解决的，只有学会借助别人的力量才会达到目的。

有个伐木工人在一家木材厂找到了工作，工作条件很好，工资也高，他很珍惜这份工作。

第一天，老板给了这个工人一把利斧，并给他划定了伐木范围。这一天，他砍了20棵树。老板夸奖他说："不错，就这么干！"工人很受鼓舞，第二天，他干得更加起劲儿，但是他只砍了18棵树；第三天，他加倍努力，可是只砍了12棵树。

工人觉得很惭愧，跑到老板那儿道歉，说自己不知道怎么了，好像力气越来越小了。

老板问他："你磨斧子了吗？"

"磨斧子？"工人诧异地反问，"我天天忙着砍树，哪里有工夫磨斧子。"

俗话说得好，"磨刀不误砍柴工"，磨斧子要用一些时间，但当你一切准备好之后，工作效率就会大大提高，你所有的损失将会迅速补回来。所谓磨斧子，就是借力，不会借力是出不了功效的。

一个人的能力是有限的，要想办事，还需善于借助外力。

荀子在《劝学》中说："登高而招，臂非加长也，而见者远；顺风而呼，声非加疾也，而闻者彰。

假舆马者，非利足也，而至千里；假舟楫者，非能水也，而绝江河。君子性非异也，善假于物也。"

荀子的话，充分说明了借力的妙处。世界上的借力不外乎有三借：借人、借势和借钱，这都是成事之道。借人、借势是聪明人常用的成事之道，它可以利用对方的优势来弥补自己的不足，至少可以弥补自己的才智、人力之不足。

香港著名的圣安娜饼店的创始人霍世昌，靠朋友的力量得以发迹，可

以给我们许多有益的启迪。

霍世昌是圣安娜饼店的创始人之一。这家饼店成立至今已有整整18年了，他创业时只是一个22岁的毛头小伙子，当人们向他求问发财秘诀时，这位仍显幼稚的老板笑着回答道："我是靠借钱开饼店，靠朋友发财的。"

"当时我在电灯公司，做技术维修方面的工作。那时还未结婚，但已有女朋友，她很喜欢弄些点心、蛋糕之类的食品，味道还真不错，她是跟一位师傅学的。

我便想，徒弟已经有此成绩，师傅当然更好，因此便有了开饼店的念头。然而那时西饼业在香港并没有现在这种蓬勃势头。我想这是一项有作为的生意，便跟她的师傅商量。我俩都赞成这个计划，但最重要的问题是资金缺乏，于是，便决定找朋友支持。我先是做出一份包含预算、地点、资金、经营方针等详细内容的可行性计划书，然后，便找一位朋友商量。这位朋友看过后，便很顺利地接受了计划书。我们三个人便成为合伙人，直至现在。"

当初靠借钱开饼店，现今每年都增设一间分店，圣安娜西饼店的生意更红火了，在香港已经是首屈一指的名店。

从这件事我们可以看出，办任何事，若想快速达到目的，就要审时度势、借势发挥、乘机而动。聪明人办事有心机，还表现在他善于借助外力为自己造势，为自己开创一条办事的成功路子。

有人这样说过：人类最奇特的特征之一，是那种"把减号变成加号"的能力，而借助外力让自己成功就是"把减号变成加号"。可以这样说，我们借助他人力量对于办事的作用，正如羽翼之于飞鸟。

《红楼梦》中的薛宝钗填过一首《柳絮词》，其中有一句是："好风凭借力，送我上青云。"她一反柳絮漂浮无定的写法，借风的力量，让柳絮上了青云。这正如我们办事一样，除了靠自己的努力奋斗之外，有时还需要借助他人的力量，才能平步青云。

那么，我们在办事时都可以借助哪些外力呢？

一、借助他人的声望和关系

借助他人的声望和关系，可以让我们多一些办事的底气。

二、借助政策和舆论

政策带有强有力的势能，用活一项政策，有时候可以救活一个濒临倒闭

的大企业；用足一项政策，也可以让自己迅速强大起来。另外，借助新闻媒体，传递有利于自己的声音，办有利于自己的事，都是可以采用的方法。

三、借助时事潮流

办事要懂得时事潮流，并要将它化为自己的力量。比如，第29届奥运会申办成功的时候，许多敏锐的厂家立刻开始生产相关产品，结果大获全胜。

四、借助他人的经验

他人的经验也是可以借助的力量。平时多关注他人的办事方法，多注意他人的成功过程，吸取有利于自己的经验，加以利用，能帮助自己办事成功。

人生感悟

俗语说："一个好汉三个帮。"在竞争激烈的现代社会里，善于借力显得日益重要，善于利用各种关系往往会使事业获得更多机遇。如果有利用各种关系的能力，办事成功就有了希望。

巧借外力

一、借对手名气宣传自己

乔治·约翰逊从一个一文不名、靠借来的470美元起家的黑人小伙子，到变成拥有资本8000万美元大公司老板，取得了令人瞠目的成就，他究竟是怎么做的呢？

创业之初，约翰逊只有一间工棚，一部手工搅拌机和一名帮工。由于没有名气，产品销量很小。经营一度陷入了十分困难的境地。

善于思考的约翰逊知道，要想把牌子打响，必须开发一种富勒公司没有的独特的物美价廉的新产品（富勒公司是当时的一家知名的化妆品公司）。凭借他的细心观察，他注意到黑人的皮脂腺较发达，皮肤表面常有一层油汗混合物，如果使用油性护肤膏，皮肤表面的油质就会更厚，会感到非常的不舒服。他决心开发一种能改善黑人皮肤质感的水粉护肤霜。一

个月后，约翰逊制造公司的第一代新产品问世了。

产品制造出后，忧虑有向约翰逊袭来："怎样吸引顾客购买新产品呢？"约翰逊制造公司是小本生意，资金周转不开，

"先尝后买"的故伎不能重演，利用广告展开攻势也不行——一是公司太小，没有名气。人家很难相信；二是大力渲染会引起对手富勒公司的警觉，而约翰逊制造公司是经不起任何打击的。就在山重水复疑无路之际。聪明的约翰逊想到了借富勒之名宣传自己产品的妙计。

他决定不直接夸耀自己的产品，而是在宣传别人的产品时顺便介绍自己的产品，如此一烘托，反倒突出了自己的产品，好主意！于是约翰逊四处宣传：富勒公司是化妆品行业的金招牌，您真有眼力，买它的货算是做对了。不过在您用过它的化妆品后，再涂一层约翰逊制造公司新生产的水粉护肤霜，准会收到意想不到的"奇妙效果"。

由于明着吹捧富勒公司，富勒公司的戒心和敌意荡然无存，又由于把自己的产品说得那么神秘，从而勾起了人们天生的好奇心，谁不愿意再花几个钱买一盒"约翰逊制造公司"的护肤霜来体验一下呢？顾客这捎带着一买、一用，想象不出的奇妙效果果然出现：脸上不再黏糊糊的了，皮肤变得滑爽了。从此，约翰逊制造公司的新产品逐渐成了黑人妇女生活中不可或缺的化妆用品，约翰逊的化妆品事业从此变得蒸蒸日上，最终成了一代化妆品大王。

由此可见在经商中，对方的力量大，名声响，乍看起来，对于自己是一种现实的威胁，是一种不利因素。但是若能施巧借之功，这种威胁之力正可以成为扬帆之风，变不利为有利，变他力为己力，何乐而不为呢？

二、巧借风俗

俗话说：办法总比困难多。所以，当你面临困难时，多去思考一些新奇的想法，巧妙借助外部的力量，往往可以突破一切困难。

一代茶王利普顿就是一个这样的高手。

利普顿是风行世界的利普顿红茶的开山鼻祖。有一年圣诞节前，利普顿的店铺购进了大量的乳酪，眼看一时间卖不完就会亏本。然而当地经营乳酪的食品有许多，如何使自己店里的乳酪卖得更快一些呢？利普顿灵机一动，想到欧美地区圣诞节前后吃苹果时在苹果中藏硬币的风俗，说吃到硬币的人来年会吉星高照。于是，他决定在乳酪中试试这一办法。

这一招果然灵验，人们也许是冲着那1英镑金币，也可能是冲着那1英镑所代表的好运气，纷纷涌进利普顿的食品店。俗话说同行是冤家，利普顿的成功招来了当地同行的嫉妒，他们联合起来向英国警方控告利普顿的这一做法有赌博之嫌。

店铺眼看就要被警方查封，利普顿不但没有被同行的控告所吓倒，反而从中发现了扩大自己影响的好机会。他利用同行的控告大做文章，在各个经销店前贴出通告："亲爱的顾客，感谢大家享用利普顿乳酪食品。"在通告的提示下，同行的控告使利普顿乳酪中的金币显得更加真实可信，消息也不胫而走。冲着这些金币而来的购买者更加踊跃。

利普顿的同行一计不成，又生一计，他们以乳酪中含金币，人们吃下去不安全为理由，要求警方取缔利普顿这种危险的销售行为。

利普顿遇事不慌，得知这个消息后，脑筋一转，又想出了对策，于是马上又贴出这样的告示："警方又来了一道命令，故敬请各位顾客在食用利普顿乳酪时，注意里面有没有金币。"经过反复"折腾"，人们更加相信利普顿卖乳酪送金币的事实。购买者络绎不绝，谁都想来试一下自己的运气。利普顿的大量乳酪就这样一下子卖空了。

三、借宣传造声势

1941年，由于日本偷袭珍珠港，美国被卷入了第二次世界大战的旋涡之中。民用经济的发展也因战事紧张而受到了严重影响，可口可乐的经营陷入了困境。

在这种情况下，可口可乐公司总裁伍德拉夫想出了通过前线将士的消费需求来销售可口可乐的妙计，然而在与国防部的官员商议此事时却被拒绝。

不过，伍德拉夫并不气馁，他决心鼓动舆论界，借助舆论的力量去影响五角大楼。

于是，伍德拉夫展开了一场声势浩大的宣传攻势，公开宣传可口可乐对前线将士的重要性。公司三名一流的宣传人员全力起草了一份宣传提纲，伍德拉夫看后很不满意，给退了回去，命令他们重写。他说："一定要把可口可乐与前方将士的战地生活紧紧联系起来，还要写清饮料对胜利的影响。公司的成败在此一举，各位要用尽全力、宣传到位，一举成功！"

三个"刀笔吏"的确文思敏捷，果然不负所望。他们用饱含激情的语句洋洋洒洒写了5万余言，配上精选的照片，编了一套图文并茂的"前方来信"、

"士兵心愿"的小册子。伍德拉夫还是不太满意，亲自伏案修改，浓缩成2万字。随即用彩色印刷，取名为《完成最艰苦的战斗任务与休息的重要性》。

文章强调指出，在紧张的战斗中，应尽可能调剂战士的生活。当一个战士在完成任务后，精疲力竭，口干舌燥，喝一瓶清凉的可口可乐，该是何等惬意的事啊!怎么能说不是鼓舞士气呢? 伍德拉夫改写的那段文字更是形象："各位可以闭上眼睛想想看，在烈日当空、挥汗如雨的环境中执行作战任务，喉咙干得像着了火。战士们最向往、最需要的是什么东西? 不用说，这当然是他们以前经常喝的、清凉如冰的可口可乐。"

最后的结论是："由于战场上出生入死的战士们的需要，可口可乐对他们来说，已不仅仅是消闲饮料，更是生活必需品，与枪炮弹药同等重要。"

同时，为把可口可乐推销到前方，伍德拉夫还特别召开了一次扩大的记者招待会，特邀了国会议员、战士家属和国防部官员。会上，他不断强调：可口可乐是军需品，可口可乐是为向海外浴血奋战的兄弟表达诚挚的关怀，为赢得最后的胜利而贡献的一份力量。

他的话，赢得了战士家属的支持。一位老妇人紧紧地抱着伍德拉夫说："你的爱心能够得到上帝的支持。"

伍德拉夫的这一着棋走对了。在记者招待会上，他的演讲博得了国会议员、军人家属和国防部官员们的阵阵掌声。

如此一来，在舆论的支持下，在战士家属和国会议员的促请下，国防部的官员终于同意了他的做法。后来，还支持在军队驻地开办分厂。这时，伍德拉夫反而提出，战地建厂投资风险太大，需要"研究研究"，实际上他是不肯自己出钱。这时，经过公司的大力宣传，前方将士早已迫不及待地等着喝可口可乐，其反应之强烈，使国防部官员想打退堂鼓也不可能了。最后国防部干脆公开宣布："不论在世界哪一个角落，凡是有美军驻扎的地方，务必使每一个战士都能以5美分喝到一瓶可口可乐。这一供应计划需要的全部设备与经费，国防部将给予全力支持。"

有了五角大楼雄厚的财力做靠山，可口可乐公司迅速地在海外建起了一系列工厂，为以后的发展打下了坚实的基础。

四、借奇人出奇制胜

日本千代田生命株式会社为在人寿保险市场上独领风骚，想出了一个绝妙的借力之计，他们高薪聘请了大批的寡妇来做保险推销员。如此一来，

该会社的营业额连续数月都以40％左右的速度上升。

有如此高的效率。全在于寡妇们拉保时能够"攻心服人"。

"假如我的丈夫在生前投保人寿险，现在我也不至于为了谋生如此东奔西走不得安宁。"话外之音是"可怜可怜我吧"，充分引起顾客的同情心而使其毅然投保。

不但如此，她们还向客户大"吐"其丈夫死后生活的艰辛这种利用"未亡人"进行自揭伤疤的痛述，听了能不让人大发慈悲吗？

人生感悟

与外界的沟通能力以及借助外界能力的高低有时是决定一个人办事成败的关键。

做事要向他人学习

孔子说"不耻下问"，就是要人们拉下面子向他人求教学习。如果一个人觉得向别人学习有失面子，那么，他就会丧失超越别人的机会。

1982年，美国哈雷摩托车的主管前往设在俄亥俄州的日本本田摩托车工厂访问，结果令他们大吃一惊。当时本田在美国重型摩托车市场拥有40％的占有率，是哈雷最强劲的对手。因为骑摩托的人都认为本田的摩托车不但价廉，而且比哈雷耐用好骑。

哈雷当时只想学学本田用来打败他们的科技，但是他们在本田厂内却看不到电脑，没有机器人，也没有特别的作业系统，而只有少量的纸上作业。他们除了看到30名职员领导着420名装配工人外，再没有别的了，只是这些员工对工作显得很满意。

本田的赢，赢在它会活用常识，而这也是哈雷可以学习的地方。5年以后，哈雷重振旗鼓，在美国重型摩托车的市场占有率从23％倍增到46％。一切都是因为俄亥俄州之旅使哈雷的态度有了革命性的转变，从美国式的好勇狠斗变成卑微可亲、到处求知的形象。在一年之内哈雷采用了

最好的人事管理制度和品牌策略，使哈雷得以脱胎换骨。

要想出人头地就要学习。各行各业的决策者想成为未来的霸主，就必须有向同行学习的谦逊态度，必须拉下面子，实事求是地评估自己的目标和能力，然后模仿学习，调整适应，如果肯努力的话，甚至还能超越他们原来学习的对象。

汲取他人经验是第一步，别因为面子问题而自负，越学越会发现强中更有强中手。要把企业中每一个环节的表现与各地的同类企业相比，学人之长，补己之短。制造福特"金牛星"轿车的工程师在设计400多个元件时，立志要使这些元件成为"同级冠军"，在福特看来这个目标他们达到了77%，但是还在继续改进其他部分。日本制造商现在已无法在设计上超越福特，但是在生产时间上仍然占有优势。

创业者变成赢家之后更要潜心学习。美国康州话瓦克的史都李奥纳，是全球管理最好的超级市场之一。史都李奥纳有一辆巴士，公司就利用这辆巴士定期载员工出去参观别的同行业，有时还到400英里远以外的超级市场参观。他们把这种实地参观叫做"一个点子俱乐部"。

每个员工至少要找到一处别家超市比李奥纳强的地方，而且要提出如何可以迎头赶上甚至超过的点子。

观摩与比较，通常会促使一家公司采取并实施最有效的改进措施。立即树立原认为不可能，但实际上是可能达到的目标。摩托罗拉于1981年制订似乎难以达成的目标：在5年内将品管统计方法改进10倍，结果在1983年年底，他们就比预定期限提早两年达到这个目标。摩托罗拉的副总裁诺克斯说："我们现在明白，一个人必须树立高远和不可能的目标，以前我们年增长率维持在15%，如果我们将增长率提高到20%，人家会多流一些汗，达到公司的要求，但不会在作业方式上有真正的大改进。如果现在我们说要达到10倍的增长，那么大家就知道这样非得痛下苦功不可了。"

任何人都能找到赢家并加以模仿，也许创业者可以从自己的最佳供应商或最佳顾客开始。美国第一芝加哥公司发起一项品牌运动的时候，他们知道这跟许多著名的大公司如3M、IBM、雨屋、福特等都有关系，于是主动去向这些公司求助。有些公司甚至向他们的对手日本企业学习。小公司刚开始可以先向美国飞递公司或施乐这些供应商学习，其实，大部分杰出的公司都很乐于助人。但是，如果你的对于不肯帮忙，没关系，整理出公

司内需要协助的部分，然后找一家不是竞争者的其他行业的企业。这样的企业同样可以给你带来启发和指导，关键看你会不会学。

丢掉面子，去研究、学习同行高手的成功经验，不要为一些庸碌之徒、平庸之辈所干扰。因为大多数人是这样，所以你也这样，不去看那些少数人的成功，不去向他们学习，那么做事是很难取得不断进步的。

扩充自己的大脑，延伸自己的手脚

一个人本事再大，也不能完成所有的工作，纵使浑身是铁，又能打几根钉呢？富于挑战、思维跳跃、观念超前的人当然明白这个道理，于是他们扩充自己的大脑，延伸自己的手脚，借外力助自己成功。

马克·吐温小时候因为逃学，被妈妈罚着去刷围墙。围墙有十几米长，比他的头顶还高。

他把刷子蘸上灰浆，刷了几下。刷过的部分和没刷的相比，就像一滴墨水掉在一个球场上。他灰心丧气地坐下来。

他的一个伙伴桑迪，提只水桶跑过来。"桑迪，你来给我刷墙，我去给你提水。"马克·吐温建议。桑迪有点动摇了。"还有呢，你要答应，我就把那只肿了的脚指头给你看。"

桑迪经不住诱惑了，好奇地看着马克·温解开脚上包的布。可是，桑迪到底还是提着水桶拼命跑开了——他妈妈在瞧着呢。

马克·吐温又一个伙伴罗伯特走来，还啃着一只大苹果，引得马克·吐温直流口水。

突然，他十分认真地刷起墙来，每刷一下都要打量一下效果，活像大画家在修改作品。

"我要去游泳，"罗伯特说，"不过我知道你去不了。你得干活，是吧？"

"什么？你说这叫干活？"马克·吐温叫起来，"要说这叫干活，那它正

青春励志

做事

——用专注为成功铺路

合我胃口，哪个小孩能天天刷墙玩呀？"他卖力地刷着，一举一动都特别快乐。罗伯特看得入了迷，连苹果也不那么有味道了。"嘿，让我来刷刷看。"罗伯特说。

"我不能把活儿交给别人。"马克·吐温拒绝了。

"我把这苹果给你！"

马克·吐温终于把刷子交给了罗伯特，坐到阴凉里吃起苹果来。看罗伯特为这得来不易的权力努力刷着。

一个又一个男孩子从这里经过，高高兴兴想去度周末。但他们个个都想留下来试试刷墙。

为此马克·吐温收到了不少交换物：一只独眼的猫，一只死老鼠，一个石子，还有四块橘子皮。

马克·吐温后来成为名扬全球的幽默小说作家，上面的故事只不过是他智慧的缩影，它虽然显得有点滑稽调皮，却让人看到了借助外力的神奇之处，只要借别人的力量做事，一切都是可以改变的。

人生感悟

戏剧大师萧伯纳说："倘若你有一个苹果，我也有一个苹果，而我们彼此交换苹果，那么。你和我仍然只有一个苹果。但是，倘若你有一种思想，我也有一种思想，而我们彼此交换思想，那么，我们每个人将各有两种思想。"认真汲取别人的智慧，可以由一个脑袋变为几个脑袋。在做关键的事情时，你一定要多征求别人的意见，千万不要自以为是，固执己见。如果那样，你的脑子将逐渐僵化、闭塞，并失去活力，成功也将与你"绝缘"。

借别人的权威做事

当代社会科学技术迅速发展，科学知识极大分化，个人已不可能独立地通晓一切知识领域，而人们的求知欲又十分强烈。这就必然形成对各领

更容易使人信服。

一个服装商人，在市中心经营一家历史悠久的西服店。他的经营很有特色，一些有名望的人，如电影明星或运动员，都到他那里去定做西服。当然，他做的西装价钱都非常昂贵，但是，前来光顾的客户并不在意价钱的多少。有趣的是，这个经营者为了经济起见，自己所穿的西装却是从百货公司拍卖时购买的。一些不认识他的人第一次与他见面时，总认为他的穿着是最好的，对他夸奖道："真不愧是生意人，你穿的衣服的确和大家不同。"他在被夸奖时，一定会纠正对方："不!我这衣服是从地摊上买的。"那些恭维他的人，听了他这番话，反而感觉他十分谦虚。

另一个有名的建筑师，也说过同样的话。这位建筑师在市郊买了一栋住宅。到他家拜访的客人都说："哇，好漂亮，真不愧是一流建筑师所盖出来的房子。"这个建筑商与前面那个西服店的老板不同之处是，他会任由客人夸奖，然后再回答："不，这只是一栋西典式的旧房子，并不是我设计的。"可是来拜访的客人怎么相信呢?他们仍偷偷地欣赏着。

这两个故事说明了平常人的心理，也就是说平常人经常附和比自己优秀的人，或是权威者的意见和判断，特别是在不太认识的人或不懂的事物前，自己无法判断并下评语时，这种倾向尤其明显，这就是心理学上所说的"权威效应"。

如果要让一个完全没有主张，也没有判断力的人来附和你的意见，可以巧妙地运用"权威效应"法，也就是说，当一个人的心理像一张白纸时，向他提及"伟大的人物或名人的意见来判断"，原本白纸状态的他就会倒向你这边了。

根据各种心理学实验。可以确定利用名人的权威是很有效用的。有一个心理学家做了一个实验，他让被实验的人听两种音乐带，一种知名度不高，另一种屡获评论家的推荐，听完之后，要被实验者说出哪种音乐带较好。结果发现，被实验者纷纷指出"两者比较起来，前者似乎毫无价值"。很显然，这些被实验的人受到了很有名气的音乐评论家意见的影响，而所谓的"名气"往往都隐藏着某种陷阱。所以，实验的结果是，大多数被实验者的意见都与评论家的意见相同。

做事

——用专注为成功铺路

利用名人权威效应，说服者应努力提高自己的权威性，这就需要在专业性和可信性上下功夫。既要提高知识水平，又要诚恳待人，这样才能树立威信，产生"权威效应"。

借别人的才干做事

汉高祖刘邦是一个借助别人才能的高手。一次，在他平定天下大宴群臣时，问在场的文武百官："各位知道项羽是有胆识、懂战略战术、又英勇善战的将军，我自愧不如。可我能打败他而得天下，这是为什么呢？"高起和王陵大声回答道："陛下能在胜利后，与全体将士共同分享果实，而项羽却嫉妒立功的将领。他不喜欢有头脑、有能力的人，打了胜仗也不封赏，得了土地也不肯赐予部下，人心向背这是项羽不抵陛下之处。陛下得人心故而胜利，项羽失人心故而失败。"

刘邦却笑着说："你二位只知其一，不知其二。论运筹帷幄，决胜于千里之外，我不如张良；论镇国、爱民、策划军需供给，萧何有万全之才，我自知不如他；论统率百万大军，攻无不取，战无不胜是韩信的专才，我甘拜下风。但我能善任这三杰，让其各自发挥才能，这是我取天下之道。而项羽不懂用人，又不能容人，部下又缺少有才之士，连唯一的贤臣范增他都事事猜忌，处处防备而弃之不用，这正是他失败的原因。"

一席话道出了自己的心得，刘邦真可谓贤明多智。无独有偶，三四百年后，又出一位刘备，他能因地而宜，因人而异，善用部下长处，借别人的智慧而获得胜利。

比如：他得张松西蜀秘图后，欲图之为立国之本。他与孔明商量后，决定兵分两处，一处取西蜀，派庞统为军师，黄忠、魏延为将军、法正，因盖达熟知西蜀内情故用之为内应，文臣武将各司其职，滴水不漏；另一处守荆州，此乃战略要地，不能疏忽，留孔明总管荆州事务，又派熟悉荆

州地利、人情、军情的大将关羽和张飞听从孔明指挥。留守也文武齐备，各司其职。这样刘备就可在确保大本营不失的情况下，挥师取蜀。胜了可尽占两地之利，东拒东吴，北抗曹魏；败了退守有据。这种用兵方法，体现出刘备精湛的办事才能。

人生感悟

善于利用别人的才干来为自己办事，是卓越之人的用人之术。

借别人的资本做事

自己口袋里的钱永远不可能多，要办成什么大事，只能依靠别人口袋里的钱，利用别人口袋里的钱将事情办成才是真成功。这是世界报业大王默多克的一条成功技巧。

默多克工作起来就像发疯，写文章、定标题、设计版面，样样都亲自插手。他不管董事会其他成员或有关编辑的反对，坚持以自己的方式干下去。几年之内，他将《星期日邮报》同最大的竞争对手《广告报》合并，并且使《新闻报》获得极大成功。一日，默多克听说拍斯市的《星期日时报》经营不善，濒临倒闭，便决定兼并它。结果，默多克筹措了40万美元兼并了这家报纸。默多克的一位朋友感慨地说："他总是能够利用别人口袋里的钱把事办成。"

靠一分钱一分钱积攒，不仅时间漫长，而且也很容易错过机遇，所以，在进行艰苦的原始资本积累的同时，还应当善于借用别人的钱来为自己赚钱。现代有许多赤手空拳闯天下而成功的大老板，日本角荣建设公司董事长角荣便是其中之一。

在发迹之前，角荣长期专心经营"没有资金赚大钱"的生意，费了好长一段时间才想出一套"预约销售"的方法。这个办法是譬如有人要卖某处山坡的地上物时，他就前去找买主，一找到，他就跟买主接洽。他说："那座山上的木料价值有100万元以上，主人现在有意以80万脱手，请你把它买下来，两个月内保证赚一成。超出一成利润时，超出部分由我所得，

如果赚不到一成时，我可以赔你一成的利润。"角荣又让有钱的朋友给他做连带保证。如果买方把它买下来，买好之后，角荣就代买主销售，如此他往往以买价2倍左右的价格脱手。对买主来说，2个月就有一成的利润，而一成利润比一年的银行利息要多得多，而且有保证，安全可靠，因此找买主并不困难。

这项预约促销的方法，虽然需要有一点社会信用才能办得到，但如果你有信用，有人替你保证，你只要有诚意和勤于跑腿，这项事业就可以日益壮大。在百业都需要大本钱经营的今天，角荣做这项不要资本的生意确有一套，并且颇有所获。他本来一无所有，经过10年的努力，就是靠着这种高超的"借术"，赚取了10亿日元。

人生感悟

高明的企业家都是善于运用别人的资本来为自己办事的人。

借别人的知识做事

清初皇太极打算留下明将洪承畴为己效力，便派范文程去劝洪承畴投降。洪承畴当时正在跺脚大骂，范文程心平气和地与他交谈，内容涉及古今之事。房梁上的尘土偶然落下，沾到洪承畴的衣服，他用手掸出灰尘。范文程回去将此情告诉皇太极，他说："洪承畴肯定不会求死，连衣服尚且那么珍惜，更何况他的性命？"皇太极亲自去看望洪承畴，解下自己身穿的貂皮大衣给洪承畴穿上说："先生是否觉得不那么冷了？"洪承畴瞠目而视许久，叹息道："这真是老天选定的明主啊！"于是叩头请求接受他投降。对此，皇太极异常高兴，不仅当天的赏赐不计其数，还设置了酒宴，摆上了戏台。

将领们有的对此很不高兴，说："皇上待洪承畴太好了！"皇太极劝他们说："我们这些人栉风沐雨几十年，是为了什么？"将领们答道："那谁不知，是为了入主中原！"皇太极听后笑道："这就譬如行路，我们都是盲人，如今好不容易得到一个向导，我怎能不高兴？"

此论足见皇太极办事的技巧。范文程是汉族的大学者，是一位极有见识之人，洪承畴更是明朝的大官，总督蓟辽军略，学识也有过人之处。这两人为清军入关，尤其在制定统治方略方面，起到了重大的作用。可以说，清政府正是借助像范文程这样的一大批汉族知识分子帮助制定策略从而立足中原。

人生感悟

雄才大略的政治家都是善于借用别人的知识来为自己办事的人。

借别人的经验做事

"他山之石可以攻玉"。做事时借鉴别人的经验是十分必要的。唐太宗是最出色的借鉴大师。某年，宰相房玄龄上奏："刚才我检点兵器库，发现库存少于隋代，请陛下降旨，尽快补充。"太宗听后答："要抗外敌，兵器库必须充实。然而今天的当务之急是用心于国内发展，改善人民生活，国家需休养生息，隋炀帝之所以灭亡，不在于他兵不精，将不广，而是因为他舍仁义，招民怨所致。我们不能重蹈覆辙呀！"

太宗曾对左右说："所谓长生不老之术，乃神仙鬼怪之流的谎言，人间根本不存在，秦始皇在位时，更广求神仙之药，却让方士代为尝之；汉武帝亦惑于仙术，故意将女儿嫁与方士，但得知是骗局而杀方士，并连累很多人，我们一定要从中吸取教训。"他常说："以古为镜可以知兴衰，以人为镜可以知得失。"可见太宗确是一个懂得以前人失败为鉴，反省自己的成功者。

人生感悟

"失败乃成功之母"——做事要想成功，就不要怕失败；要善于从他人的失败中吸取教训，吃一堑，长一智，为下次拼搏做好准备。

借用外脑，"趋炎附势"

会做事的人不会生硬地去模仿别人，但会敏锐地发掘出他人思想中的亮点，并为己所用。

这里所谓的"趋炎附势"可不是说卑躬屈膝地服从权势，而是整合各种信息和智慧，让它们"附"在你的奇谋妙计之中。绝妙的思考不会是空穴来风，一定是众多知识、观念的整合、提炼，他人的智慧可能就是激起你灵感火花的那一撞。借用外脑，借者需要具有独到的眼光和敏捷的行动。

今天大街上流行的牛仔裤的产生得自于140多年前淘金者的借用外力之举。当年美国的淘金热将许多有发财梦的人们吸引到了西部，1850年，利瓦伊·施特劳斯还是一名商贩，跟随淘金者来到西部经营帐篷等淘金者需要的商品。一天。一个淘金者抱怨说，他们最需要的是结实的裤子而不是别的东西。利瓦伊灵机一动，请裁缝用做帐篷的帆布缝制了一批裤子，由于其结实耐穿受到了矿工们的青睐，滞销的帐篷变成了畅销的裤子。3年后，他集资成立了"利惠"牛仔裤公司，并依据矿工劳动特点不断改变裤子面料和样式，最终形成了特有的风格，100多年后的今天，"利惠"公司已跻身于世界大公司的行列。

施特劳斯的发迹主要得益于对信息的敏捷反应，当别人还只是停留在信息表面时，他已经窥测到了其背后的无限机会。

人生感悟

做事时，充满热情，却又缺乏经验，几乎是每个人都会遇到的难题，特别是年轻人，那么可以从别人的经验中寻找灵感。

借人之名，架心灵之桥

无论一个人，还是一家公司，有没有名气，得到成功机会是不一样

的。没有名气的人，能力再强，也很难突破他人的心理屏障而受到信任；没有名气的公司，产品再优良，也很难打消顾客的疑虑而受到青睐。

我们都知道，拥有名气是一种很辛苦的努力，而且是一件旷日持久的工作。

要想迅速获得名气，借人之名无疑是一条捷径。

请看健力宝公司起步之初是如何借名的：

众所周知，可口可乐与百事可乐是世界两大王牌饮料，在美国占据了绝大多数市场，其他品牌的饮料想在美国占得一席之地是非常不容易的。健力宝公司的决策层深知这一点。当他们1992年计划大举挺进美国市场时，决定先把名气做出来。

那时，美国的总统大选正进行得如火如荼，健力宝公司的有关人员根据民意调查，预计克林顿最有可能当选。他们还打听到，10月1日，由克林顿夫人和戈尔夫人主持的克林顿助选大会将在纽约湾的一条豪华游船上举行，他们决定借此做一些文章。

这天4点30分，离会议召开还有2小时，健力宝美国有限公司经理林齐曙和工作人员就早早赶到码头，带来了健力宝和摄像机。他们通过了严密的安全检查，然后在游船上详细勘察了两位夫人将要经过的路线，预测她们可能滞留的位置，选择了最佳的拍摄角度。

等一切准备就绪。6点30分，克林顿夫人和戈尔夫人在大批保安人员的簇拥下登上了游艇。

两位夫人径自来到游艇的客厅会见当地的社会名流和有关客人。当她俩与站在纽约市政府代表旁边的健力宝公司的代表握手时，健力宝美国有限公司的小姐不失时机地用托盘捧上几罐健力宝。纽约市政府的美国朋友向两位夫人介绍健力宝是中国著名的健康饮品，林齐曙及时向两位夫人敬上一杯。就在两位夫人笑盈盈地举杯饮用健力宝的时候，早已守候多时的摄影师急忙频频按下了快门。就这样，留下了两位夫人畅饮健力宝的珍贵照片。

1993年1月20日，克林顿正式宣誓就任总统，美国各地沉浸在一片欢乐的气氛中。

就在这天，著名的《纽约时报》刊出了总统夫人与副总统夫人开怀畅

饮的照片，在美国引起一片惊讶和艳羡声，取得了轰动性的宣传效果。健力宝公司的电话铃声不断，各地的祝贺声接踵而来。

健力宝就在这种氛围里举起大旗，向美国市场进军，第一批50万箱健力宝于1993年开始远涉重洋，很快销售一空。自此，健力宝在美国市场上站稳了脚跟。

在现实生活中，借名人打广告无疑是借人之名的一种方法，但这种方法却要付出很大的代价，而且效果也很普通。像健力宝公司这样，利用特殊事件，选准恰当时机，方能收到事半功倍的效果。

人生感悟

　　对那些没有实力的普通人来说，借人之名显然不是一件容易的事，但并不是毫无办法。比如，借老板之名即可提升自己在同仁心目中的分量；借政府领导之名，即可提升公司在当地的影响力……凡此种种，无不是借名之法。这虽然有"拉大旗做虎皮"之嫌，但总比披着一张羊皮被狼吃掉要好得多。难道不是这样吗？

要有"与虎同行"的勇气

曾有一位驯虎师这样说："我之所以能驯服虎，因为我是它下山后最敢于与它接触的人。"这话很富有哲理。

中国众多的小企业、小工厂或家庭式作坊，在竞争激烈的市场夹缝中求生存、谋发展、做大做强很难。后来有的人与外商合在了一起，结果摇身一变就成了驾驭虎的巨人，迅速地壮大了起来。这给人们带来了一个启示：在自身资金和技术严重不足的情况下，要敢于与虎同行，即力求与外商合作，在坚持自身独立的前提下，让外商赚钱，而自己趁机学得技术和经验。可以省去许多弯路，更快地使自身趋向完善和成熟。

温州生产的打火机，一向是以价格优势取胜的，虽然它的批发价只及日本打火机的一半，但小小打火机撞开了世界大市场的大门。到20世纪80

年代末，温州打火机产品质量良莠不齐，很快就招致了恶果：市场不再欢迎温州打火机，造成产品滞销。

面对市场种种打击和不利因素，温州大虎牌打火机厂厂长周大虎并没因之而气馁，而是冷静地分析了一番原因，决定了自己的发展方向：一是产品要提高质量；二是创立品牌，这样才能够发展。

为此他并不忙于去抢市场，在别的打火机厂都在趁势扩大生产，他却把生产停下了，专门进行技术上的研究和改进，以引出"猛虎"。这样做的最终结果是：他创立质优价廉的虎牌打火机，不仅外表美观，价钱十分便宜。质量并不逊色于日本名牌打火机，称得上是物美价廉。投入市场后不久，虎牌打火机果然引起了德国商人英塞尔的注意。

周大虎第一次与外商展开了洽谈。谈判结果是：由德方投资提供技术支持，帮助大虎厂创牌SOLO。大虎厂仍保留生产虎牌打火机的权力，其份额不低于70%，德方则拥有产品欧美地区的代理权。

德国人讲究高效率，合作方式一经敲定，德商迅即高薪聘请韩国的打火机高级技术人员来华，直接指导大虎打火机厂的创牌生产，进口设备则以产品货款予以抵销。就这样，大虎打火机厂的生产技术和管理水平与国际接轨了。

周大虎利用与外商合作的良机，使虎牌打火机跃过了一个新的台阶。不久市场形势发生了变化。

就在温州众多打火机厂纷纷倒闭之际，大虎打火机厂却脱颖而出，挽狂澜于既倒，温州打火机重新占据了国际市场。

虎牌打火机在国际市场上的畅销，有接导致了世界老大日本打火机厂商广田株式会社与周大虎的又一次合作。

这一次中外合作对周大虎是一次难得的磨砺，虎牌打火机历时两年的磨砺，使得周大虎的打火机厂在1998年成为国内首家通过ISO9001国际质量体系认证的打火机生产企业。

险峰过后是通途，此后的大虎打火机厂大踏步迈进。在成为日方品牌定牌生产厂家后，又接下了美国历史名牌的定牌生产。与此同时，虎牌打火机自身也跻身于世界名牌打火机行列，誉满欧美。

回顾大虎打火机厂走过的历程，几多坎坷，几多波折。周大虎之所以

能取得成功，坚持质量和品牌策略当然是其主要成因。然而大虎打火机厂最重要的两次发展壮大的契机，都是"借力"带来的。

20世纪90年代的温州商人，经营理念随着市场的日趋繁荣更进一步成熟，视野也拓展得更宽，目标也更为远大。他们越来越看得深远，把目光瞄准了世界市场。

一时间，有相当一部分温州企业都开始和国外企业合作，从国外企业那里学习先进的技术和经验。

以周大虎为代表的众多商人的精明在于他们宁肯在短期内少得到点实惠，也要用劳动换取对方的先进技术和经营经验，使自身发展的历程大大缩短。

也许这样做一时间利润不高，好处不大，但经过一段时期后，它所带来的好处会迅速地显示出来，不但使商家自身生产技术在无需投入的情况下得到了提高，而且自己的产品也会被带入一个新的发展时期。

现在与虎同行的人多了起来。从商业聚势角度看，这一策略当然是极为高明的，恰如站在巨人肩上，虽然自身一时间还大不起来，却具有了高瞻远瞩的胸襟和气势，有朝一日便有可能得以拔地而起。

也正是得益于借力，使不少中国民营企业的产品和技术以惊人的速度冲出国门，征服世界。

一个企业是如何壮大起来的呢？山小开始，逐步发展，创造品牌，拓展销路，这是办企业者的一种定势思维，也是大部分企业曾经有过的发展历程。

长城集团董事长叶祥尧总结自己与外商西门子合作的好处时，说："同西门子合作所带来的网络、管理体系及其经营理念，将对长城集团起到促进作用，同时可使长城集团实现三级跳，使我们的企业在较短时间里有大的飞跃。"他巧妙地利用西门子合作企业的牌子，推出了自己的长城系列产品。

人生感悟

从大虎打火机、长城集团等国际大企业的发展历程来看，它们由一家小企业发展成大公司。最后成为国际性企业，不仅意味着他们在经营理念上走在了中国经济的最前沿，也意味着中国商人找到了一条新的壮大之路。这条路就是强强携手，由"借力"开始，走自我发展的壮大之路。

不怕别人"借"到好处

做一件事情，不要怕别人从中得到好处，这是"抛砖引玉"的关键，否则你是连一块无用的砖头都舍不得抛出去的。

华人首富李嘉诚的一条成功经验是：让合作伙伴有较大的获利空间。

这也是杰出人士做人做事的一个基本共识。他们追求双赢，而不是一方有利。这使他们免于陷入蝇头小利，从而在合作的成果中分得大利。

1951年，松下电器公司创始人松下幸之助提议与飞利浦公司进行技术合作。飞利浦公司在全球设有300多家工厂，是当时世界上最大的电器制造公司。在此之前，它已和48个国家有过技术合作经验。

不久后，飞利浦公司提出，双方在日本合资建立一家股份公司，公司的总资本为6.6亿日元。飞利浦出资30%，松下电器出资70%。飞利浦公司应出资的30%，由该公司的技术指导费作为资金投入。

这就意味着，飞利浦公司不需投入一分钱，全部资金由松下电器一家承担。这样的条件未免太苛刻了。如果按营业额计算，飞利浦公司的技术指导费达到总营业额的7%。而按国际惯例，技术指导费一般是3%。经过反复交涉，技术指导费降到5%，但松下公司仍觉得有欠公平。

在接下来的谈判中，松下方面的谈判代表高桥没有再要求降低技术转让费，转而要求飞利浦公司支付经营指导费。高桥说："双方合作建设合资公司，在技术上接受贵公司的指导，而经营却靠松下电器公司……我们公司的经营技术水平是众所周知的，得到了高度评价。而且对于销售，我们也信心百倍。所以，我们也有向贵公司索取经营指导费的权利。"

高桥此言一出，令飞利浦公司的谈判代表深感震惊。直觉上，这是一个"非分"要求，可细细品味，这种要求又颇有合理性，因为松下公司已建立了健全的营销网络，一旦合作产品上市，根本不用为销售问题担心，最终能使双方大获其利。

飞利浦公司当然明白一个庞大的营销网络的价值。同意重新考虑合作事宜。最后商定，由松下电器向飞利浦交付4.3%的技术指导费，同

时飞利浦向松下电器支付3%的经营指导费。这样一来，实际上松下电器所支付的技术使用费仅为1．3％。这样，双方的合作才真正走到了公平的轨道上。

不久后，松下与飞利浦合作成立了一家公司，其产品畅销世界各地。双方都在技术与经营的完美合作中大获其利。

人生感悟

合作无疑是最有效率的借力之法，它使双方的优势互补，并使各自的能力产生相乘的效果，从而能够创造更大的利益。把蛋糕做大，双方共享一块大蛋糕，比一方独享一块小蛋糕获益大多了。

求亲戚办事要以情动人

当人们在生活中遇到困难时，首先想到的大概都是找亲戚帮忙。彼此间的血缘关系也会胜过任何社会关系，在求亲戚办事的时候，要懂得真情打动对方，这样，对方也会热情地向你伸出救援之手。

在徐志摩7岁的时候，他就已经非常聪明，且表现出对文学方面浓厚的兴趣，但直到15岁的时候，他一直觉得自己在这方面的学习不大长进，迫切需要一位精于此道的老师来指点自己。

当他听说有一位叫梁子恩的老师在文学方面很有造诣时，便很想投其门下去学习，但苦于没有人从中引荐，有一天徐志摩得知，自己的表舅与梁子恩曾是同窗好友。于是，他就前往表舅家请求表舅从中引荐。但徐志摩的表舅不希望自己的外甥去学这些，他很想让徐志摩去学医，认为这些风月诗词，只能是闲时消遣之物，没有什么大作为。

在与表舅的一席交谈中，徐志摩充分表达了自己的迫切愿望，他那坚定而又略带哀婉的语气，以及对长辈的谦恭之情，深深打动了表舅，使表舅觉得此子乃可造之材，于是，便答应了他，并亲自带徐志摩去梁子恩的家，让其拜在梁子恩的门下。

从此，在老师的辅导加上自身的努力下，徐志摩在诗歌上的造诣突飞

猛进，最后终成了一代伟大的诗人。

亲情可贵，每当我们遇到困难时，我们一般都能得到亲友的帮助。所以，如果你能与亲友们拿真情相待，学会充分运用自己的亲情，那么办起事来就会容易很多。

常言道："血浓于水"，亲戚关系是你人脉关系中最亲近的一脉，而至亲关系又是亲戚关系中最稳定的，这种关系维系着双方的感情，其他的亲戚关系是派生物。所以，在做事的时候，用真情来疏通至亲关系，可以收到很好的效果。

曹冲10岁的时候，和一位管仓库的库吏关系非常要好，一次库吏把曹操的马鞍放在仓库，结果被老鼠咬了一个大洞，于是愁眉苦脸，不知道该怎么办。

曹冲知道后，对库吏说："放心吧，你明天中午去拜见我父亲，主动报告这件事，求他宽恕，到时我会想办法救你。"

到了第二天中午，曹冲把自己的衣服用刀挖了几个洞伪装成老鼠咬的样子，穿着这件衣服，装着不高兴的样子去拜见父亲。曹操问他为何情绪低落，曹冲说："爹爹，你瞧，我的衣服被老鼠咬破了。听人家说，衣服叫老鼠咬了会很倒霉的，因此，我怕……"曹冲表现出十分难过的样子。

曹操笑着说："我的傻孩子，那是人们胡说的，没有这回事。衣服破了就换一件吧，不要难过了。"

这时，库吏便依曹冲的吩咐来拜见曹操。库吏反绑着双手，跪在曹操的面前，报告马鞍被老鼠咬破一事，请求曹操治罪。若在往日，曹操肯定会大发雷霆，今天曹操却笑着说："老鼠咬破了马鞍，那不是你的错，你瞧，"他手指着曹冲，"冲儿的衣服天天放在身边，仍然被老鼠咬了，更何况是藏在仓库里马鞍。今后多加小心就是了。"

事实上，曹操宽恕库吏并非因为曹冲的衣服被咬破了，而是由于曹操认为曹冲很难过，为了宽慰曹冲，以表示自己对于这种事情不在意而只好赦免了库吏。曹冲利用和父亲的至亲关系，引发了父亲的爱心，帮朋友解了围。

白居易曾经说过"感人心者莫先乎情"，亲戚之间不比外人，只要是出自于你的真情实感，他就一定会尽他的力量帮你的忙。

在求助亲戚时，如果能以情动人。当拉动了他心底的那根弦的时候，他又怎会无动于衷。

怎样才能做到以情动人呢？

一、先用言语打动他

既为亲戚，用动情的言语打动他是最容易解决问题的一种方法，只要你的言语中充满真情实感，动之以情，晓之以理，如果是合理的请求，相信对方一定会帮你。

二、用彼此情感的共通点打动他

人的感情是共通的，但人与人的感情又大不相同，作为亲戚也是如此，这就需要你去找到彼此感情的共通点来打动对方。比如，直系血亲之间办事会容易一点，但是旁系血亲在办事的时候，就要考虑你们之间的纽带是什么，从这一点入手去打动对方，会更有效果。

人生感悟

以情动人是最能打动人的一种方法，非亲非故的人，看见别人可怜，还会心生怜悯，更何况是自己的亲戚，只要你是用你的真情打动他，相信对方一定会帮你。同时还要注意的是，如果是亲戚求自己帮忙，千万不能冷眼旁观，能帮忙就尽量帮，毕竟亲情才是人生中最可贵的。

同窗之谊要善加利用

要知道，大千世界，茫茫人海，能成为同学，实足缘分不浅。虽相处时间不长，但这中间的关系值得珍惜。

如果你与同学分开后，还能保持一种相互联系、愈久弥坚的关系的话，那对你的一生，或者说对你将来所要达到的目的与理想是很有帮助的，这其中的好处，也许是你意想不到的。

有人说："同学之情只有几年，一旦毕业则缘尽，没什么值得留恋的。"其实，这是一种错误的看法。无论从实用主义，或从情感价值角度去看，同学的友谊都值得我们保持和维系。

在刘备读私塾的时候，由于他讲义气又聪明，因此成了同学中的老大，他经常帮助其他同学，与他们的关系都处得非常好。后来大家都长大了，

大家都各有各的道路要走，刘备就与昔日的好同学、好玩伴便各奔东西了。

虽说大家彼此分开了，刘备却很注重经常与同学保持联系。其中有一位叫石全的人，是刘备读书时最要好的同学，石全读完书后，由于家中老母亲健在，便回家供奉自己的老母亲，以尽做儿子的孝道，靠打柴和卖字画为生。而刘备不嫌昔日同窗的清贫，经常邀请石全到他家做客，共同探讨当时天下形势，这样融洽的聚会一直保持了很多年，刘备与石全的关系也不断地加强，情同手足。

后来，刘备为了实现自己心中的宏伟目标，就带领一支队伍参加了东汉末年的农民起义。起初，刘备的军事实力相当的小，不得不依附其他人，在一次交战中，刘备所带的军队寡不敌众，被全部歼灭，只有他一人逃脱，就是石全把他藏了起来，才逃过了一劫。

由此可见，同学关系有时在紧要关头能帮上大忙，甚至会冒着生命危险帮助你，为你排忧解难。但是，一定要记住的一点是，这中间的好处是来自于自己的努力，如果你在与同学分开之后并没有经常性的联系，那么好的关系又从何谈起，从中受益则更是一纸空文了。所以，只要你有这份心、这份情，真诚地维持分开之后的同学关系，那你的人际关系会更加的广泛，路也会越走越宽。

很多公司在创业初期，都是由同学合伙开办，成为了世界知名的大公司。例如，雅虎的杨致远和斯坦福电机研究所博士班的同学大卫·费罗，微软的比尔·盖茨和童年玩伴保罗·艾伦，惠普的戴维·帕卡德和他在斯坦福大学的同学比尔·休利特等等，这样的例子比比皆是。

同学关系对很多人来说也是非常珍贵的，因为校园生活是人生中一段美好的时光，不论小学、中学，还是大学，每一段都让我们回味无穷。与同学关系的好坏对于我们未来的发展具有重大的影响。

谁没有几位昔日同窗？说不定你的音容笑貌还存留在他们的记忆中，千万不要把这种宝贵的人脉资源白白浪费掉，要想改变处境，就要从现在开始，去开发、建设和使用这种关系。

那么，如何去开发这种关系保持感情联络呢？

一、通过同学录上的工作性质来加以取舍，再展开交往

不要拘泥于学生时期的自己，而要以目前的身份来展开交往。如果你在学生时期不太引人注目，想必交往的范围也很有限度，然而，现在你已

大可不必受限于昔日的经验，而使想法变得消极。

因为，每个人踏入社会后，所接受的磨炼是大不相同的，绝大多数的人会受到洗礼，而变得相当注意人脉资源的重要性，因此即使与完全陌生的人来往，通常也能相处得好。

由于这种缘故，再加上曾经拥有的同学关系，你可以完全重新展开人脉资源的塑造。

二、虽然彼此的工作领域不同，但可以将焦点对准目前的现状

原则上，只要拥有进取心且正在奋斗中的人即可。即使对方在学生时期与你交往平淡亦无妨，你必须主动地加深与其交往的程度。如果你很幸运地找到凡事均能热心帮忙的对象，就更易与其建立良好关系了。

三、最易联络的同学是关键

不论本身所属的行业领域如何，应与最易联络的同学建立关系。然后，从这里扩大交往范围。不妨多运用同学身边的人脉资源，来为自己的成功找到助力。同时还要注意，最易联络的同学往往人脉资源是最广的，所以，可以合力在平时多举行一些联谊活动，使彼此关系更亲近，办起事来也就更方便。

人生感悟

同学关系，是人生中最亲近的一种关系，也是你人际圈中最重要的人脉。同学关系有时往往会在很关键的时刻帮上自己一个大忙。但是值得注意的是，平时一定要注意和同学培养、联络感情，只有平时经常联络，同学之情才不至于疏远，同学才会甘心情愿地帮助你。

求高人办事要不卑不亢

有的人办不成事，其中有很大一部分原因就在于他们不自信，心理素质不好。有的人一看到对方太强势，就怯场、自卑，而遇到地位比自己低的人，又容易骄傲自负。

要想成为办事高手，就要跳出这些心理陷阱，正视自己。求人办事，

要有不卑不亢的态度。很多人不愿求人办事，就是因为开口求人总要低人一等、看人脸色。但是，如果你面对高人时，能够理直气壮、不卑不亢，那么反而会让对方对你另眼相看，慎重考虑你的请求。

《左传》中，记载了这样一个故事：

鲁僖公十五年十月，秦国和晋国在韩地交战，结果秦军大获全胜，并俘获晋惠公。秦国考虑到两国关系，答应议和，于是晋国派阴饴甥前来谈判。

秦伯说："晋国意见一致吗？"阴饴甥答道："哪里会一致？小人们以失去自己的君主为耻，为亲属的伤亡而痛苦，这些人不怕征税修治甲兵，而拥立太子圉为国君，声称宁肯屈事戎、狄之国，也一定要报秦国之仇。而君子们爱戴他们的君主而又明白他的罪过，他们不怕征税修治甲兵的困难而等待秦国的命令，说宁死也不生二心，一定要报答秦国的恩德。因此不和睦。"

秦伯又道："晋国认为他们的君王前途会怎么样？"阴饴甥答道："小人们悲观失望，认为他不会被赦免；君子们相信秦国会宽恕，认为他一定会回国。小人们说：我们加害过秦国，秦国岂能放国君回来？君子们说：我们已经知道自己的罪过了，秦国一定会放还国君。有二心的就逮捕他，认罪了就放过他，没有什么比这更宽厚的恩德了，没有比这更威严的刑罚了。服罪的人怀念秦国的恩德，有二心的人畏惧刑罚。通过这一次战争，秦国可以做诸侯的盟主了。假如秦国扣留我们的国君而不让他君位安定，废弃他而不立他为国君，就会把感恩报德的人变成怨恨的人，秦国不会这样的。"

秦伯听了阴饴甥一席话，说道："这就是我的想法啊！"于是改用诸侯之礼对待晋惠公，让他住进客馆，赠送给他牛、羊、猪各七头。

阴饴甥作为弱国的使臣出使强秦，表现得不卑不亢，以小人和君子做比喻，一面表示必报仇，一面表示必报德；一方面表示为君王的前途担心，一方面表示对秦国寄以厚望。软硬兼施，既表现了晋国敢于抗秦的决心，又很好地表现了愿与秦国和好的意愿。阴饴甥这种态度终于打动了秦王，从而将其放回了晋王。

一个人是否能取信于人，能否得到别人的尊重，最重要的是要看你是否先对自己有信心，求人办事同样如此。如果你只知道战战兢兢、软言细语地请求别人，那么得到的，最多就是别人的怜悯；而你如果能够在求人

办事时展现出自己的自信，那么对方就不会轻视你，甚至会重视你，从而乐意帮你这个忙。

20世纪80年代初，国际市场需要大量润滑油基础油，中国西北一家石油化工公司看准这一行情，耗费大量资金，按照国际标准生产出八种牌号的润滑油基础油，打入国际市场后，名声大振。可是，好景不长，由于国际石油市场竞争激烈，油价下跌。继续坚持出口，公司将要亏损1000万元。面对危机，公司总经理认为，参与国际市场，中国是后起者，在强手如林的情况下，能挤进去很不容易，应该想办法站住脚。如果一遇到风浪就退出来，那么，以后想再占领市场将会更困难。他决心带领公司从夹缝中冲出去。为此，他亲自到欧美一些国家做市场调查，搜集信息，积极寻找合作伙伴，开辟新市场。

在美国北部，总经理找到著名的鲁布左尔石油公司国际销售部。他开门见山地对负责人说："希望国际销售部买中国的产品。"负责人傲慢地说："你凭什么让我们把别的公司的产品推掉，而买你们的产品？"总经理不卑不亢地列举了公司的三大优势：第一，我们公司的产品质量保证，产品有很高的信誉；第二，我们可以长期合作，保证长期供货；第三，我们公司有自备码头，保证交货及时，并有良好的服务，产品资料齐备，保证信守合同。除了谈到这三大优势外，总经理还不紧不慢地告诉鲁布左尔石油公司的负责人，美国莫比尔石油公司已经购买了自己公司的产品。

莫比尔石油公司在美国享有盛誉，是世界第六大工业公司。负责人听说莫比尔公司已购买了这家公司的产品，立刻放下架子，同意洽谈生意，并对公司的产品做了质量评定。经检验，润滑油基础油各个细节全部达标。他们很快向世界各国分公司发放了准予购买的许可证。就这样，这家西北石油化工公司开辟出了新的市场，在国际石油市场上占有了一席之地。

求人办事就要做到不卑不亢、理直气壮，让对方觉得他这次帮你本来就是应该的，而且帮你一次不仅能讨得个人情，还能得到真正的好处，那他就会心甘情愿地帮这个忙了。

在现实生活中，有些人之所以办事容易"砸锅"，就是因为他的心理素质不过硬。要学会办事，要进行人际交往，应培养良好的心理素质，做到不卑不亢。

要克服办事时的自卑心理，就要从日常生活做起：

一、要克服内向和孤僻的性格

克服由于性格气质方面造成的自卑心理，要克服内向性格和性格孤僻。要积极适应和改造环境，要自我调节并解决心理冲突，把苦闷向他人谈一谈，排解掉，使心情变得轻松愉快。要培养多方面的兴趣和爱好，这样有益于活泼性格的形成和发展。

二、正确地认识、评价自己

克服由于思想认识方面造成的自卑心理，要正确地认识、评价自己。要善于发现自己的长处，肯定自己的成绩，不要把别人看得十全十美，把自己看得一无是处，要认识到他人也有不足。另外，要注意发现他人对自己的好的评价，以增强自信心理。

三、促使自己发挥长处，避免弱势

克服由于生理素质方面造成的自卑心理，要促使自己发挥长处，避免弱势。具有办事能力的人，主要依靠的是他聪明的大脑和广博的智慧。

四、要增强性格的独立性

克服由于社会环境方面所造成的自卑心理，主要是要增强性格的独立性，摆脱人们对自己的成见，使自己在交往中日益成熟。

人生感悟

不卑不亢、充满自信是办事的前提，不卑不亢是自信的表现。一个缺乏自信的人不仅办不成大事、难事，恐怕连小事也很难办好。

不卑，就是不卑躬屈膝，做出一副讨好、巴结的样子，这是有损人格的；不亢，就是不自傲，不以老大自居，盛气凌人，自视比别人高出一筹，必然会引起别人反感。不论找什么人办事，不论对方地位高低，资历深浅，条件优劣，学识深浅，都要奉行不卑不亢、热情谦让的准则，只有不卑不亢才能够得到他人的尊重。

第五篇

讲究说话的方式方法

选择让对方容易接受的方式说话

说理的语言，如果想做到朴实无华，又具有很强的穿透力，使对方听起来趣味盎然并受到启迪和感化，而没有枯燥干巴、味同嚼蜡之感，就必须适当地多运用一些生动形象的比喻，转个弯儿将自己所要说的目的婉转地表达出来。

一次，宋高宗赵构宴请大臣，叫一班伶人在旁边说笑话，娱乐宾客，以活跃气氛。有个伶人走上场来，自称善观天文，只需用浑天仪对人一照，就能看出这人是天上哪颗星宿的化身。他又说："因为用浑天仪很不方便，所以也可以用一枚大钱来代替浑天仪。"话刚说完，在座的人都要他看一看自己是什么星。

只见这伶人从口袋里掏出一个大钱，从钱眼对准人，一个一个地望去，说这个是什么星，那个是什么星。

轮到张俊时，他看了又看，说是看不见什么星宿。其他人催他再仔细看看，他便装得很认真看的样子说："真的看不见是什么星宿，只看见张老爷在钱眼里！不信，你们自己来看吧！"

大家忽然领悟到了伶人的话意，顿时哄堂大笑起来，把个奸臣张俊弄得面红耳赤。

故意避开面对面的交锋，完全在不直接劝说中进行说服，这样能使说服对象通过自己的体会、推理及联想，自觉地放弃旧有的观点，确定的立场、观点与态度。对方的这些变化，看起来似乎与说服者没有关系，实际上这正是说服者精心策划、巧妙安排的必然结果，这其中渗透了说服者的智慧。

大学教室里，一位站在讲台上的教授正在发火，他怒气冲冲地对下面的学生说："如果这个教室里有笨蛋，请给我站出来！"

过了一会儿，有个学生犹犹豫豫地站了起来。

"你难道真认为自己是个笨蛋吗？"教授对他的坦率有些吃惊。

站起来的学生随即回答："不完全是，教授先生，其实我也很不愿意同您站在一起！"

说话要根据不同的对象去把握言谈的时间，根据不同的场合把握言谈的方式，根据自己的身份把握言谈的分寸。

这个方法与其他任何方法一样，树立说服者的威望，同样是很重要的一环。大夫登徒子对楚王说："宋玉这个人体貌佚丽，口多微辞，非常好色。望大王不要带他出入后宫。"楚王以登徒子的话去问宋玉。

宋玉回答说："我体貌佚丽，这是天生的；口多微辞，这是老师教的；至于好色，根本没有这么回事。"

楚王问："既然你不好色，那为什么会有这样的传闻呢？"

宋玉说："天下的美女，就算我们楚国的最美；楚国的美女，谁也比不上我乡里的；乡里美丽的要算我邻居家的女子。邻家那女子再长一分就太高了，再减一分就太矮了；搽粉则太白，涂朱则太赤；眉如翠羽，嫣然一笑，就能倾倒所有的公子哥儿。但是这位女子攀上墙向我张望了三年之久，至今我还没有回应她对我的爱慕。登徒子则不然，他的妻子蓬着头，蜷着耳，嘴唇遮不住几颗稀疏的牙齿，躬身驼背，走起路来歪歪斜斜，两手长疮，就是这么一副模样，登徒子还是爱得不得了，跟她一次又一次地生了五个孩子。请大王仔细分析一下，到底谁是好色之徒。"

当时在场的秦章华大夫笑着插嘴说："我以前一直自以为自己能够注意品德，现在看起来，比起宋玉还差得远呀！"楚王连连点头，夸赞宋玉品行端正。

人生感悟

一个成功的交际者，总是在东扯西拉中，察言观色，摸索到一条或多条深入人心的捷径，并以此作为说理的焦点，这样就能在社会中如鱼得水，左右逢源。

不按常理出牌，用"奇语"制胜

我们经常会面临许多"特殊场合"下的交际考验，比如考试、面试、比赛、演讲等。每逢遭遇这些可能决定命运的关键时刻，我们的内心都渴望能够得到幸运女神的垂青。其实，好机会是可以争取的，敢于打破常规的人，往往能够获得最后的成功。

著名的节目主持人杨澜，还记得自己参加《正大综艺》面试的情景。当杨澜走进考试准备室的时候。发现房间里面早已坐满了一屋子的前来应试的女孩，大家都很严肃地坐着，没有人说话，气氛似乎很紧张。但是杨澜却不一样，她抱着轻松的态度来面试，所以丝毫不受紧张气氛的影响。

突然，导演辛少英急匆匆地推门进来，打破了这种死寂的气氛，同时也宣布了面试的开始。辛少英对在场的每一个考生说："虽然这是考试，但其实很简单，大家用不着紧张。"对于这句话，杨澜当时的理解是：既然不是太正规的考试，那我就不妨换一种新鲜的方式，把准备的东西表达出来：第一，这不是什么坏事；第二，也能让导演记住我。辛少英导演继续说："我想每个人都先来做一个简单的自我介绍吧。说说你自己，说说你的专业、你的老师、你的朋友，总之什么都可以说。当我说'下一个'时候，就表示你的考试结束了。"

杨澜开始注意观察面试者的临场表达，她发现：如果是以一种很轻松随意的方式表达，导演就会让你多说一会儿；如果你是像背书一样地照本宣科，导演就会很快喊"下一个"。这更加坚定了杨澜"不走寻常路"的想法。待到自己上场时，杨澜已经想好了主意，打出了最不符合常规的一张牌。

她没有介绍自己，反先问起了辛少英导演："导演，我想问您一下，为什么非得找一个女主持人？而且还特别要求，一个形象清纯的女主持？您这样挑选的动机，是不是打算女主持一出场就是给男主持作为陪衬的？"杨澜的一番话果然让导演很吃惊。于是她笑着反问杨澜："你说完了？"杨澜说："没完。我还想说，女主持人不应该是中看而不中用的花瓶。她所起到的作用应该是和男主持一样。中国自古以来就有很多头脑聪慧的卓越女性，她们在各个领域里并不比男性的成就低，比如李清照、黄道婆等等数不胜数。所以我想，不管我们中间的哪一位选手能够有幸脱颖而出。成为这档节目的女主持人，也应该是与男主持人相辅相成、默契配合，而决不是仅仅作为男主持人的陪衬，我相信只有这样，这档节目才会成为经典。我的话说完了。"

清纯外表下的杨澜居然有如此犀利的语言，这让辛少英导演眼前一亮，当即拍板，通知杨澜直接进入下一轮面试。正是一席打破常规的话，最终

改变了杨澜的命运。使她与姜昆搭档成为了《正大综艺》的主持人，开启了内地综艺节目的新纪元。

特殊的交际舞台上，有时候比较的不仅是你的交际水平和专业能力，还有随机应变、标新立异的东西，比如机智、灵活、逆向思维等，这些都是一流人才的必备素质。

威廉·麦克劳德来到了《纽约时报》求职，他的申请材料已经送了进去，自己正在人事主管的办公室外面紧张地等待着结果。不一会儿，一名职员走出来对他说："主管要看看你的名片。"威廉从来就没有准备过什么名片，这个时候有点不知所措，突然他想起口袋里恰好有一副扑克牌，于是灵机一动，从中抽出了黑桃A。说："麻烦你递给他这个。"

这个大胆的举动，使威廉得到与人事主管见面的机会。在面谈半小时以后，威廉被正式录取了。后来，他成为《纽约时报》的一位著名记者。

在特殊的交际场合下，我们往往需要"不按套路出牌"才能够引起贵人的注意，从而赢得机遇。"不按套路出牌"，就是不拘泥于教条，以丰富多彩的想象力大胆地打破规则和俗套，释放"眼球效应"。收到出奇制胜的效果。在特殊时刻。千万不要墨守成规，脑子要灵活，别总以为自己是科班出身的专业人士，就一定能够战胜业余选手。专业不代表一定要按照专业套路"出牌"。死守教条很可能会让你栽跟头。你应该学习业余选手临场发挥时不按常理出牌的习惯，这样很可能你就能加倍出彩儿。

看似"新奇巧怪"的方法只要有效，那就是好方法。从事一个行业，除了要具有专业知识外，你还应该具备与该专业相匹配的独特的交际素质：比如谍报人员所具备的交际特质，就是"善于怀疑"，不能按部就班执行任务；销售人员或者谈判人员，他们在工作中经常会遇到意想不到的突发情况。继续按照原先设想的计划去做，就会把事情弄糟。这时需要他们随机应变。以巧妙而出其不意的方法解决棘手的问题，在交际中使自己变得灵活。

比如，老王一心想把产品卖给一家省级经销商。为此没少请对方老总吃饭，但是效果甚微。一打听才知道，原来该老总天天有人请吃喝，多到让他记不住每一顿饭都是谁做东的。于是，老赵就决定换换花样，在一次关键的饭局上把该老总请到乡下吃农家饭。由于平常多出入城里高档的酒楼饭店，被安排这样特别的饭局还是头一遭。于是老总对老赵的印象一下子深刻起来，这顿饭也吃得很高兴。结果，老赵与经销商正式达成了长久

的合作伙伴关系。

其实，结交客户就像追女孩子一样，假如别人送玫瑰你也送玫瑰，别人送99朵你也照送99朵，那你只不过是众多追求者中毫不起眼的一位。如何能够夺人眼球、脱颖而出？所以，打动客户和贵人的心，需要你采用特别的方式，切忌缺少个性而落入俗套。

人生感悟

在特殊场合下，秀出你的与众不同和奇思妙想，一定会带来好处。

尽可能让人产生心理共鸣

人与人之间，很难在一开始就产生共鸣，往往必须先诱导对方与你交谈的兴趣，经过一番深刻的刘话，才能让彼此更加了解。

在你尝试说服他人、对另一个人有所求的时候，这样的论点也同样适用。最好先避开对方的忌讳，从对方感兴趣的话题谈起，不要太早暴露自己的意图，让对方一步步地赞同你的想法，当对方跟着你走完一段路程时，便会不自觉地认同你的观点。

伽利略年轻时就立下雄心壮志，要在科学研究方面有所成就，他希望得到父亲的支持和帮助。

一天，他对父亲说："父亲，我想问您一件事，是什么促成了您同母亲的婚事？"

"我看上她了。"

伽利略又问："那您有没有娶过别的女人？"

"没有，孩子。家里的人要我娶一位富有的女士，可我只钟情你的母亲，她从前可是一位风姿绰约的姑娘。"

伽利略说："您说得一点也没错，她现在依然风韵犹存，您不曾娶过别的女人，因为您爱的是她。您知道，我现在也面临着同样的处境。除了科学以外，我不可能选择别的职业，因为我喜爱的正是科学。别的对我而言毫无用途也毫无吸引力！难道要我在追求财富、追求荣誉？科学是我唯一的

需要，我对它的爱有如对一位美貌女子的倾慕。"

父亲说："像倾慕女子那样？你怎么会这样说呢？"

伽利略说："一点也没错，亲爱的父亲，我已经18岁了。别的学生，哪怕是最穷的学生，都已想到自己的婚事，可是我从没想过那方面的事。我不曾与人相爱，我想今后也不会。别的人都想寻求一位标致的姑娘作为终身伴侣，而我只愿与科学为伴。"

父亲始终没有说话，仔细地听着。

伽利略继续说："亲爱的父亲，您有才干，但没有力量，而我却能兼而有之，为什么您不能帮助我实现自己的愿望呢？我一定会成为一位杰出的学者，获得教授身份。我能够以此为生，而且比别人生活得更好。"

父亲为难地说："可我没有钱供你上学。"

"父亲，您听我说，很多穷学生都可以领取奖学金，这钱是公爵宫廷给的。我为什么不能去领一份奖学金呢？您在佛罗伦萨有那么多朋友，您和他们的交情都不错，他们一定会尽力帮助您的。也许您能到宫廷去把事办妥，他们只须去问一问公爵的老师奥斯蒂罗·利希就行了，他了解我，知道我的能力。"父亲被说动了："嘿，你说得有理，这是个好主意。"

伽利略抓住父亲的手，激动地说："我求求您，父亲，求您想个法子，尽力而为，我向您表示感激之情的唯一方式，就是……就是保证成为就个伟大的科学家……"

伽利略最终说动了父亲，他实现了自己的理想，成为了一位闻名世界的科学家。

这里，伽利略采用的是"心理共鸣"的说服方法。这种说服法一般可分为以下四个阶段：

一、导入阶段。先顾左右而言他，引起对方的共鸣或兴趣。伽利略先请父亲回忆和母亲恋爱时的情况，引起了父亲的兴趣。

二、转接阶段。逐渐转移话题，引入正题。伽利略巧妙地通过这句话把话题转到自己身上："我现在也面临着同样的处境……"

三、正题阶段。提出自己的建议和想法。伽利略提出："我只愿与科学为伴"，这正是他要说服父亲的主题。

四、结束阶段。明确提出对对方的要求，达到说服的目的。为了使对方容易接受，还可以指出这样做的好处。伽利略正是这样做的。他说："……为什么您不能帮助我实现自己的愿望呢？我一定会成为一位杰出的学

者，获得教授身份。我能够以此为生，而且比别人生活得更好。"

就这样，伽利略终于达到了自己的目的，为最终实现自己的理想奠定了基础。

人生感悟

越是能产生共鸣的话语，越是能让别人认同。

有风度，说话才会得体

在社交场合谈论问题，十有八九是没有绝对是非标准的，你的意见不一定都是对的，而别人的意见也不一定都是错的。你可能是一个很好的人，但不幸有一点爱和人抬扛的执拗脾气，唯一的改善方法是，养成尊重别人的习惯和风度，只有这样说话才能得体。

有些人喜欢抬杠，搭上话就针锋相对，无论别人说什么，他都要加以反驳。

你要说是，他一定说不是；当你说不是时，他又说是了。这是很不好的习惯，犯这种错误的人很多，而且每每自己都不知道，为什么会这样呢？因为他不喜欢听取别人的意见，而且自以为比别人高明，事事要占上风。即使他真的见识比别人高明，这种态度也是要不得的，说白了，这种人是在说话方面缺乏风度。相比之下，历史上那些名人说话得体，主要是因为他们具有高人一筹的风度。

1934年，高尔基出席全苏联作家代表大会。与会者出于对他的崇敬，讲了许多赞扬他的话。到他发言时，他说了这样一番得体的话：

"敬爱的同志们，我觉得，这里提到高尔基的名字，常常加上一些形容词：伟大的、高大的，等等。（笑声）如果老是过分强调地提出某一个人物，我们就会使别人的成就和重要性失去光彩。打个比喻来说，在这里，我们大家的年龄尽管差别很大，然而都是同一个很年轻的母亲——全苏联文学的孩子。"

一个世界著名的文豪，以"孩子"自比，而且和全体与会作家站在共

做事

——用专注为成功铺路

同位置，这种虚怀若谷的风度真是令人赞叹。

无独有偶，法国数学家笛卡儿的说话风度，也是令人拍案叫绝的。有一次，笛卡儿自叹自己学识浅薄，别人不解地问他："你学问那么广博，竟然感叹自己的无知，这怎么解释啊？"

笛卡儿说："哲学家芝诺不是说过吗！他画了一个圆圈，圆圈内代表掌握的知识，圆圈外代表未知世界。知识掌握得越多、圆圈越大，圆周自然也越长，这样它的边沿与圈外未知世界的接触面也越大，不知道的东西也就更多了。"

"对，对，这真是绝妙的解释！"问话者连连点头称是。

笛卡儿、芝诺这样的谦虚是真诚的。但是，有的人不是从根本上认识到自己的不足，只是在言辞上搬弄一些表示谦虚的套语，这样的人不会给人留下好印象。

清人石成金在《笑得好》中讲了一个"粗月"的故事。说的是一个人每次和别人谈话，总是带上个"粗"字，以示自己说话有风度。比如人家夸他有才学，他就说自己是个粗人；人家夸他的衣服好，他就说穿的是粗布。有一回，他在家中请客人饮酒，当晚月光如水，十分皎洁。客人赞赏道："今晚的月光真好！"他听了连忙拱手说："不敢当，这不过是舍下的一个粗月。"——这位先生似乎处处都想表现一下风度，然而，他把当空的皓月都"窃为己有"了，还谈得上什么风度呢？

风度出于真诚自然，真实的言辞是朴实无华的。

一年春节，在某电视台播放的体育晚会上，特约记者向优秀运动员提问："你们得了冠军之后，首先想到的是什么，"

当时，有位运动员不假思索地回答："我想最好能睡三天觉！"这样的回答是让人想不到的，但它是多么的感人啊。全场顿时爆发出赞许的笑声和掌声。如果这位运动员"谦虚"一番，大谈一些理想，就肯定不会产生这样的效果。

人生感悟

许多人因为喜欢表达不同意见，得罪了不少朋友。有些人总是坚持让别人同意自己的观点，这是没有风度的表现。这种人总是把自己的意见看做绝对正确，而把别人的意见看做愚蠢幼稚的，其结果只能出口伤

人。同时，这也是说话不得体的表现。只有将对方置于同一个平台交谈，显出谦虚的风度，才能赢得人心。

制造余韵无穷的谈话

初次的会面如果让对方回味无穷，自然就盼望有第二次的见面，这就是人际交往的最高境界。然而怎样才能做到这一点呢？最重要的就是善于制造余韵无穷的谈话，比对方在离去后仍旧不断咀嚼这次谈话。

一般来说，谈话的话题应该视对方的情形而定，再好的话题，若不能符合对方的需要，就无法引起对方的兴趣。最好是想办法引出两人都感兴趣的话题，才能聊得投机，然后再设法慢慢地把话题引进自己所要谈论的范围内。

1986年10月15日，《北京日报》报道了邓小平会见英国女王伊丽莎白二世和她丈夫爱丁堡公爵菲利普亲王的消息：

在亲切友好的会见中，邓小平谈笑风生。他说："这几天北京的天气很好，这也是对贵宾的欢迎。当然，北京的天气比较干燥，要是能'借'一点儿伦敦的雾，就更好了。我小时候就听说伦敦有雾，在巴黎时，听说登上巴黎铁塔，就可以望得见伦敦的雾。我曾登上过两次，可是很不巧，大气都不好，没有看到伦敦的雾。"

爱丁堡公爵说："伦敦的雾是工业革命时的产物，现在没有了。"

邓小平风趣地说："那么，'借'你们的雾就更困难了。"

公爵说："可以'借'点儿雨给你们，雨比雾好。你们可以'借'点儿阳光给我们。"

在这段对话中，双方都在谈"天气"、谈"雾"、谈"雨"、谈"阳光"，这是极标准的"寒暄"了吧？但是从这寒暄之中，双方已开始联络感情，为进一步会谈打下良好的基础。爱丁堡公爵说"伦敦的雾是工业革命时的产物，现在没有了"，言语间流露出英国工业历史悠久而且环境治理成效显著的自豪感，而"借"雾、"借"雨、"借"阳光之类的言辞，也委婉而巧妙地传达着双方有着互助互利、友好合作的诚意。这样的聊天，谁能说不值得回味呢？

要让谈话留有余韵，必须使用优美的言词，假如为了加强印象，故意讲些粗鲁的话，则反而会增加对方的不愉快，弄巧成拙。所以为了使对方对你产生好感，必须言语和善，讲话前先斟酌思量，不要脱口说出伤人的话，破坏周围的人际关系。

擅长谈话技巧的人，能够利用言语使对方产生好感。要想做到这一点，就必须避免和乡绅一样，只晓得说些芝麻绿豆之类的琐事。眼界要放得远些，谈话内容不妨从大事着手，注意速度的平顺流畅，使对方不由自主地受到吸引。

人生感悟

对有些人来说，谈话的艺术就在于毫无艺术可言，犹如穿衣，宽松舒适即可，这种情形常见于朋友闲谈；而在更为高雅一点的氛围内，交谈就变得深奥，时时会流露出人们的真知灼见。若想成功地进行交谈，必须调整自己，以求和对方达成默契，不要对他人的修辞表达过分挑剔，否则交谈会不欢而散。

自如地和陌生人攀谈

如何才能和陌生人攀谈自如呢？美国著名记者阿迪斯·怀特曼指出，害怕陌生人这种心理，我们大家都会产生，例如在聚会上我们想不到有什么风趣或是言之有物的话可说的时候；在求职面试中拼命想给人好印象的时候。事实上，无论何时何地，我们遇上看来有趣的人时，心里都会七上八下，不知该怎样打开话匣子。然而，懂得怎样毫无拘束地与人结识，能使我们扩大朋友的圈子，使生活丰富起来。

多年来阿迪斯以记者身份往返世界各地，他和陌生人的谈话有许多是毕生难忘的。他说："这就好像你不停地打开一些礼物盒，事前却完全不知道里面有什么。老实说，陌生人引人入胜之处，就在于我们对他们一无所知。"

阿迪斯举例说，新奥尔良有个修女，她看起来温文尔雅，不问世事。

但是阿迪斯不久便发现她的工作原来是协助粗野的年轻释囚重新做人。他还在加拿大一列火车上遇到一位一本正经的老妇，她说她正前往北极圈内的一个村庄，因为她听人说在那里她会见到北极熊在街上走！

阿迪斯说："跟我谈过话的陌生人，几乎每一个都使我获益匪浅。"一个在公园里遇到的园丁，告诉阿迪斯关于植物生长的知识，比他从任何地方学到的都多。埃及帝王谷一个出租车司机，请阿迪斯到他没铺地板的家里喝茶，让他认识到一种与自己迥然不同的生活方式。

我们过去从来没有见过的人，甚至能帮助我们认识自己。因为我们可能对一个陌生人说出我们时常想说但又不敢向亲友开口的心里话，他们因此便成了我们认识自己的一面新镜子。

如果运气好，和陌生人的偶遇还会发展成为终生不渝的友谊。仔细想来，我们的朋友哪一个原来不是陌生人？阿迪斯说："世界上没有陌生人，只有还未认识的朋友。"

那么，我们遇上陌生人，怎样才能好好利用这一刻呢？

一、先了解对方

美国总统罗斯福是一个交际能手。早年还没有被选为总统时，在一次宴会上，他看见席间坐着许多不认识的人。如何使这些陌生人都成为自己的朋友呢？罗斯福找到自己熟悉的记者，从他那里，把自己想认识的人的姓名、情况打听清楚，然后主动叫出他们的名字，谈一些他们感兴趣的事。此举大获成功。这些人很快成了罗斯福竞选时的有力支持者。

二、选择适宜的话题

如果觉得"实在没有什么好说"，可以考虑以下话题：

1.坦白说明你的感受。

例如你可能在晚餐会上对自己嘀咕："我太害羞，与这种聚会格格不入。或是刚好相反，你认为许多人讨厌这种聚会，但是我很喜欢。"

不管你怎么想，你要把你的感受向第一个似乎愿意洗耳恭听的人说出来。这个人可能就是你的知音。无论如何，坦白说出"我很害羞"或"我在这里一个人也不认识"，总比让自己显得拘谨冷漠好得多。

最健谈的人就是勇于坦白的人。这里还有一个好处，如果你能坦诚相见，对方也会无拘束地向你吐露心声。

一次，阿迪斯跟一位写过一本畅销书的心理学家谈话。阿迪斯通常对这类的访问都能应付自如，而且会从中得到很大裨益，所以当他发觉自己

结结巴巴，不知怎样开口时，简直大吃一惊。最后阿迪斯说："不知为什么我对你有点害怕。"那位心理学家对阿迪斯这个说法非常有兴趣，随即大家就自然地谈起来了。

2.谈谈周围的环境。

如果你十分好奇，你自然会找到谈话题目。有一次一个陌生人审视周围，然后打破沉默，开口说："在鸡尾酒会上可以看到人生百态！"这就是一句很有趣的开场白。

阿迪斯有一次乘坐火车，身边坐了一位沉默寡言的女士，一连几个小时他千方百计引她说话都未成功。等到还有半个小时就要分手时，他们经过一个小海湾，大家都看到远处岬角上一座独立无依的房屋。她凝视着房子，一直到看不到它为止。然后她突然说道："我小时候就生活在像这种杳无人迹的地方，住在一座灯塔里。"接着她忆述了那种生活的荒凉与美丽。

3.以对方为话题。

有一次，阿迪斯听见一位太太对一个陌生的女士说："你长得真好看。"也许，我们大多数人都没有说这种话的勇气，不过我们可以说："我远远就看见你进来，我想……"或是："你看着的那本书正是我最喜欢的。"

4.提出问题。

许多难忘的谈话都是从一个问题开始的。阿迪斯常常问人："你每天的工作情况怎样？"通常人们都会热心回答。

一定要避免令人扫兴的话题。可能没有人愿意听你高谈阔论诸如狗、孩子、食物和菜谱，自己的健康、高尔夫球，以及家庭纠纷之类的事。所以，在谈话中最好不要谈及这些问题。

丘吉尔就认为孩子是不宜老挂在嘴边的话题。有一次，一位大使对他说："温斯敦·丘吉尔爵士，你知道吗，我还一次都没跟您说起我的孙子呢。"丘吉尔拍了拍他的肩膀说："我知道，亲爱的伙伴，为此我实在是非常感谢！"

三、会引导别人进入交谈

在交谈中，除了吸引对方的兴趣之外，还必须学会引导对方加入交谈。

常听到一些青年人说：他们在约会的时候，老是不能保证交谈生动活跃。其实，这本来是一个非常易于掌握的技巧，只要问一些需要回答的话，谈话就能持续下去。但是，如果你只问："天气挺好的，是吧？"对方用一句话就可以回答了："是啊，天气真不错！"这样，谈话也就进行不下去了。

如果你想让你的谈话对象开口畅谈，不妨用下列问句来引导："为什么会……""你认为怎样才能……""按你的想法，应该是……""你如何解释……""你能不能举个例子？"总之，"如何"、"什么"、"为什么"是提问的三件法宝。

四、要简捷而有条理

不懂节制是最恶劣的语言习惯之一。

无论是和一位朋友交谈，还是在数千人的场合演讲，最重要的就是"说话扼要切题"。

担任企业行政主管的人几乎都认为：在商业场合里，最让人头痛的就是讲话没有条理。不知有多少人的时光都浪费在那些信口开河、多余无聊的车轱辘话中去了。

如果你说话的目的是要告诉别人一件事，那就直截了当地说出来，不必扯得过远。

五、要避免过多地使用"我"

人们在口头最常用的字之一就是"我"。这些人应该学学苏格拉底不说"我想"而说"你看呢？"曾有这么一个笑话：在一个园艺俱乐部的聚会中，有位先生在3分钟的讲话时间里，用了36个"我"。不是说"我……"就是说"我的……"、"我的花园……"、"我的篱笆……"结果，他的一位熟人忍不住走过去对他说："真遗憾！你失去了妻子。""失去了妻子？"他吃了一惊。"没有！她好好的啊！""是吗？那么难道她和你谈到的花园一点关系都没有吗？"

六、要尽量少插嘴

插嘴，就像是一把"钩子"，不到万不得已时，最好不要用它。约翰·洛克说："打断别人说话是最无礼的行为。"

不要用不相关的话题打断别人的谈话；不要用无意义的评论扰乱别人的谈话；不要抢着替别人说话；不要急于帮助别人讲完故事；不要为争论鸡毛蒜皮的小事打断别人的正题。总之，别轻易插嘴，除非那人讲话的时间拖得太长，他的话不再吸引人，甚至令人昏昏欲睡，已经引起大家的厌恶。这时，你打断他倒是做了一件仁慈的好事！

七、留心倾听

谈话投机，有一半要靠倾听，不倾听就不能真正交谈。但是倾听也是一种艺术。

跟新认识的人谈话的时候，你要看着他，好好地反应，鼓励他继续说下去。这样，倾听就不是被动，而是主动，是不断向前探索。有意义的谈话——有别于无聊的闲谈——其目的就是有助于互相发现和了解。

那么你怎么做，才能使谈话投机呢？要记住这一点：你对人家好奇，人家也对你好奇；你能增加他们的生活情趣，他们也能增加你的生活情趣。只由对方一个人说话，比由你一个人说话好不了多少。

毛病出在很少有人能认识到他们也要付出一点力。有时，他们认为自己害羞或平淡无味，他们会说："我没有什么值得一谈的事情。"他们这样说几乎一定是错的。事实上，大多数人都是有兴趣的。

多罗西·萨尔诺夫在其著作《语言可改变你的一生》中写道："实际上，即使一个充满缺点、脑筋糊涂和变化无常的人，也有其令人惊奇之处"。

人生感悟

学会自如地与陌生人说话，是成为办事高手必需的技能。

情理交融感人至深

一个小伙子因名落孙山而想自杀，村里的一位老汉这样劝他："如果都像你这么想，我早该死了！我都70岁了，一辈子光棍一条。但我心里还是热腾腾的，想多活几年！因为我觉得活着还是有意思的。我用这双手种过五谷、栽过树、修过路……我栽下一棵树时，心里就想，我死了，后人在那棵树上摘果子吃，他们就会说，这是以前村里的光棍老汉栽下的……"

这位老汉通过自我人生体验的解剖，激起了小伙子活下去的信心与希望。因为这种方式给人以推心置腹的平等感、亲切感和信任感，从而走进了对方的心里，让他接受了你及你的观点。

现身说法为什么会有如此之强的说服力、感染力？因为，以自己亲身的经历和遭遇劝导别人，感受真实，情真意切，容易引起对方的情感共鸣，这比只讲大道理当然更易说服人。

孙叔敖是楚国的相国，廉洁清正。死后，家徒四壁。他儿子孙步安贫困无依，靠给人背柴来维持生活。

艺人优孟很同情他，就穿上孙叔敖的衣冠，模仿他活着时候的言谈举止，摇头晃脑地在楚王面前唱道："贪官不可做而可做，廉吏可做而不可做。贪官所以不可做，因为他行为污浊卑鄙，可子孙却享不尽荣华富贵。廉吏所以可做，因为行为高尚无比，然而一朝身死，家贫子孙乞食栖荒野。劝君勿学孙叔敖，楚王不念前功劳。"

庄王看了他的表演，听了他的歌声，感动得潸然泪下，当即召见孙叔敖的儿子，把寝丘封给他做采邑。

杰山的说辩者在辩说过程中十分重视入情入理，缺乏情感的，往往不能使人动情。只有赋予议论以感情，才能发挥鼓动、激励、引导的作用。

人生感悟

以情感人的方式，除了将情感融入议论之中外，还可以借助于各种形象，通过视觉感受去打动对方，如表情、手势、图画、表演等。以视觉材料的展示配合入情入理的说服，往往能收到更好的效果。

找准对方的心理"软肋"，一次把话说到位

在武侠小说中，有很多自命不凡的"高手"，与对手过招时经常会乱打一通，费了半天的蛮力，累得气喘吁吁，最后定神一见，才发现自己连对手的头发都没碰到。相反，真正的武功高手，一般很少出手，但是一出手便能直接克敌制胜，正如古龙小说里人称"小李飞刀"的李寻欢，虽然手中只有一把"迷你型"小飞刀，但只要这把刀飞出去。便能100%地击中敌人的"软肋"，令其毙命。同样，说话抓不住重点，磨破嘴皮子也无用。我们需要"一次把话说到位"，像"小李飞刀"一样，找到谈话的关键点和对方的死穴，拥有一击即中的交际本事，这种死穴，正是对方的"心理软肋"。

面对不好打交道之人，我们要巧妙地利用对方的"死穴"和弱点为自己的沟通扫清障碍，从而打开机遇之门。当你用尽招数对所要说服之人也

毫无效果时，不妨改变策略，从其他角度另想办法，比如找到对方身边的"关键之人"，利用这位关键之人间接说服对方，从而达到你的目的。这个"关键之人"可能是你要说服者的妻子、儿女或者是知己好友，他们的话对其影响巨大，是你打通关系、创造机遇的一颗重要棋子。

第二次世界大战时，范·拉塞尔在美国好莱坞经营一家影业公司。拉塞尔手下有一名技术专家名叫皮特·里弗斯。此人的脾气非常暴躁，无论是谁只要一不小心说错了话。便会被他训斥一番，连老板拉塞尔也不例外。好在拉塞尔为人宽宏大量，不与其计较。况且里弗斯只是脾气臭了点，但是业务能力强，又很敬业。

有一天，还是为了一件工作上的事，里弗斯同技术小组的一名助手吵了起来，最后他甚至大动肝火，拍着桌子骂起来，拉塞尔上前去劝阻也没有用。正在局面闹得一发不可收拾之际，里弗斯的小女儿罗丝忽然跟着母亲来到了实验室，女儿见到父亲暴怒的可怕模样，吓得当场大哭起来。里弗斯见状，急忙跑过去哄女儿开心。刚才的怒火也转眼间烟消云散了。

拉塞尔看到这一幕，突然心头一亮：原来里弗斯的"软肋"是他的宝贝女儿呀，对谁都不服的罗弗斯只有面对女儿时才千依百顺。于是，拉塞尔打算从里弗斯的女儿身上做文章，设法使罗弗斯尽量改变脾气，和同事们搞好关系，从而为公司作出更大贡献。为了使里弗斯的精神生活过得充实，拉塞尔在离公司不远的地方给里弗斯租了一套房子，目的是让他和妻子、女儿能够生活在一起。里弗斯对于公司的好意，心里感到十分过意不去，始终不肯接受。

拉塞尔笑着说："搬不搬家，这回恐怕由不得你了，先去看看房子吧。""你这是什么意思？"里弗斯嘟囔起来。"难不成你还要强迫我非住不可？""不是我强迫你，是你的千金罗丝，她已经替你作主了。"

里弗斯走进屋子，看到女儿已经把东西搬进来，正冲他微笑。于是就没有再说什么。拉塞尔趁机语重心长地对里弗斯说："皮特，作为你的朋友，我可要劝劝你了，你的脾气应该为了罗丝改改了。我知道你自己每次发完脾气后都很愧疚，但是每次与别人发火之前，你都把对方想象成你的女儿，那样气不就自然消了吗？"里弗斯沉思了半天，对拉塞尔说："你说得对，我真的应该改改脾气了！"于是，里弗斯顺从了拉塞尔的安排，搬进了新居，他非常感激拉塞尔的关照，从此很少在公司里发脾气，专心带领

自己的科研小组。为公司陆续开发出了一批新产品，创造了巨大的效益。

拉塞尔巧妙地利用了里弗斯的"软肋"——女儿罗丝，说服里弗斯改掉自身的坏脾气。协调了他和同事之前的关系？让其更加专注地投身于业务中，从而为自己的公司创造了巨大利益。

刘刚进一家公司没多久，同部门的赵欣就升到工程部去做了部门主管。平日不分高下，暗中竞争的同事成了自己的上司，部门里的人有那么一点酸酸的感觉。几个老同事背后嘀咕开了："哼！赵欣有什么本事，凭什么升他的职位？"一百个不服气与嫉妒就都脱口而出了，于是你一句我一句，把赵欣数落得一无是处。刘刚见大家说得激动，也毫无顾忌地说了些赵欣的坏话。有一个阳奉阴违的老同事，在背后说赵欣的坏话说得比谁都厉害，可一转身就把大家说的坏话全告诉了赵欣。赵欣听到后非常恼火，心里想：别人对我不满说我的坏话我可以理解，刚来的刘刚乳臭未干有什么资格说我，从此对刘刚很冷淡。刘刚有能力得不到重用，还经常受到同事的指责和刁难，成了背后说别人坏话的牺牲品，后来只好辞职走人。

同事之间最容易"同仇敌忾"，一个人开口骂领导，抱怨工作太多。待遇又差，同事大多随声附和。对公司有消极影响的事情和话语，一旦传入领导耳朵里，你将自点死穴。

一个智者和另外一个人一起赶路，在路上，那个人连续几天一直用尽各种方法侮蔑他。智者面对那人的侮辱都只是淡淡一笑。最后，在他们要分路的时候，智者转身问那人："如果有人要送你一份礼物，但是你拒绝接受，那么这份礼物最后属于谁？"那人愣了一下说："当然是送礼的那个人了。"智者笑着说："没错。那么，如果我不接受你的谩骂，那你是不是就在骂你自己？"那人想了想，终于想通了，悻悻地走了。

人生感悟

在交际中，一旦抓住对方的"软肋"。就等于掌握了人际关系的主动权，再令人头痛的难题都会有了解决的途径。我们遇事时要多动动脑子，多去留心观察每个人的特点。遇到问题，如果常规路子不通，那就另辟蹊径。

恭维之话，常常要说

　　人都有需要鼓励的时刻，同事之间送去一句恭维的话如是春风，化去冰雪寒，使人信心倍增，让迷茫失意的人明确方向。

　　美丽是很难得的气质，如果一个人恭维美丽而恭维得漂亮、绝妙，就更加难得了。

　　以美丽著名的德文希尔女公爵有一次从马车上下来，附近刚好站着一个清道夫，他正在点一支烟。清道夫抬头看见了女公爵，惊叹之余大声喊："您的眼睛可以点燃烟斗！"从此以后再有人恭维那位女公爵，她都觉得索然无味了。

　　法国科学家丰特尔97岁时还谈笑自若，一次，他在社交场合遇到了一位年轻貌美的女子。他走上去对那位女子说了很多恭维话，片刻之后，他再次经过那位女子面前时却没有看她一眼。于是那女子对丰特奈尔说："我该怎么对待你的殷勤呢？你连一眼也没看我。"丰特奈尔胸有成竹地回答说："我若看你一眼只怕就走不过去了。"

　　丘吉尔的父亲曾经投身于选举，他的母亲到处去为他拉选票。有一次，丘吉尔夫人向一个工人拉选票，那工人却毫不犹豫地拒绝说："不，我不会投票给一个到了晚餐时间才起来的懒惰家伙。"夫人闻言非常着急，连忙向工人解释他听到的是错误的传言。那工人看了夫人一眼，很高兴地说："哇！夫人，您若是我的妻子，我根本就不要起床了。"工人的幽默，对一位贵妇来讲或许有点失礼，但英国人通常不认为这是"吃豆腐"，所以便一笑了之。

　　适当的恭维更能增加你的人气。在工作中只要不说假话、大话、空话，给予他人恭维，也是表现出人文意识的一种潜在规律。恭维，具有承认、认可、赞誉的含义。同事之间，关系微妙，个性相差很大；同事之间，只有以诚相交，才有可能在关键时刻帮得上你。人的个性千差万别，有的含蓄、深沉，有的活泼、随和，有的坦率、耿直。含蓄、深沉者可以表现出朴实、端庄的美、活泼、随和者可以表现出热诚、活泼的美、坦率、耿直者也有透明、纯真之美。在单位里，对同事进行问候，是对同事在工作上

努力付出的辛苦给予褒扬，给予鼓励。抓住时机适当地给予同事褒扬，说点恭维话是应该的。

每个人都有自尊、自卑之心。冷嘲热讽的话语能伤害人心，恭维亲昵的话语能赢得人心。

琢磨事首先要琢磨人

世上所有的事情都是由人酌办的。所以，与其苦心孤诣地琢磨事，不如尽心竭虑地琢磨人。把人搞明白了，事情也就搞清楚了。把人拍定了，事情也就搞定了。

战国时的张仪，学了一套"纵横术"，带了几个乡人跑到楚国去求富贵。但事与愿违，在楚国却穷困得无以聊生，生活异常拮据，同去的人捱不下去了，便怨气冲天，都嚷着要回家去。

张仪说："你们是不是因为穷了，享受不到什么快乐就要回去呢？这样吧，再挨几天，不是我夸口，只要见到楚王之后，我包管大家吃喝不愁，否则的话，你们可敲碎我张仪的门牙！"

那时候，楚王正宠爱着两个美人，一个是南后，一个是郑袖。

张仪那天见到了楚王，楚王十分不高兴。张仪就说："我到这里很久了，大王还不给我一点事做。如果大王真的不想用我的话，请准我离开这里，去晋国跑一趟，到那边碰一碰运气！"

"好吧，你只管去吧！"楚王巴不得他赶快离开，便一口答应。

"当然，不管那边有没有机会，我还是要回来一次的，"张仪说，"但请问大王，需要从晋国带些什么吗？譬如那边的土特产，您若喜欢，我可顺便带一些回来。"

楚王冷冷地扫了他一眼，淡淡地说："金银珠宝、象牙犀角，本国多的是，对于晋国的东西，没什么可稀罕的。"

"大王就不喜欢那边的美女吗？"这句话像电流一样击中了楚王，他眼

青春励志

做事
——用专注为成功铺路

睛一亮，连忙问："什么？你说的是什么？"

"我说的是晋国的美女。"张仪假装正经地说，还做起手势向楚王解释，"那真是妙呀！漂亮极了！晋国的女人，哪一个不似仙女一样？粉红的脸颊，雪白的肌肤，头发黑得发亮，走起路来如风吹杨柳，说话娇娇滴滴，简直比银铃还清脆。正所谓比花花枯谢，对月月无光，云鬓压衡岳，裙带系湘江……"

这席话引得楚王的眼珠一直跟着张仪的手势转，连嘴巴也合不上："对！对！对！本国是一个荒僻地区，我从未见过晋国的那些小娃儿，你不说，我倒忘了，那你就给我去办，多带些名贵的土特产回来吧！"

"不过，大王，没货款办事可就难了。"

"那还用说，货款是少不了的。"楚王立即给了张仪很多银子，让他尽快去办。

张仪领到银子后，又故意把这消息传开，直传到南后和郑袖的耳朵里。两个人一听，大为恐慌，连忙派人去向张仪疏通，告诉他说："我们听说张先生奉楚王之命到晋国去买土特产，特地送上盘缠，给先生做个路费！"因此，张仪又刮了一把。

张仪要去晋国了，他在向楚王辞行时，装出依依不舍的样子，说："我这一次到晋国去，路途远，交通不便，不知哪一天可以回来，请大王赐我几杯酒，给我壮壮胆吧。"

"行，行！"楚王客气地叫人赐酒给张仪壮胆。

张仪饮了几杯，脸红起来，又装模作样地拜请楚王，说："这里没有别的人，敢请大王特别开恩，叫最信得过的人出来，亲手再赐我几杯，给我更大的鼓励和勇气。"

"可以，不成问题，只要你能早日完成你的使命！"

楚王看在"土特产"的份儿上，特别把最宠爱的南后和郑袖请了出来，轮流给张仪敬酒。

张仪一见，连酒都不敢饮了，"扑通"一声跪在楚王面前，说："请大王把我杀了吧，我欺骗大王了。"

"为什么？"楚王惊讶不已。

张仪说："我走遍天下，从未见到有哪个女人长得比大王这两位贵妃漂亮的。过去我对大王说过要去找土特产，那是没有见过贵妃之故，现在见了，觉得把大王给欺骗了，罪该万死！"

楚王松了口气，对张仪说："我以为是什么呢？那你不必起程了，也不

必介意。我明白，天下就根本没有谁会比得上我的爱妃，是不是？"又连忙向左右两个贵妃献殷勤，做了个怪样。

南后和郑袖同时眨两下眼，嘴角一撇："嗯！"

从此，楚王改变了对张仪的态度，张仪也落得个岁岁平安。

在这个故事里，我们可以看到楚王的弱点就是喜爱女色，而南后和郑袖的弱点则是害怕有人夺去她们的地位。张仪正是抓住这些人的弱点，从他们身上赚取了许多银两。

人生感悟

"投其所好"是有效的办事方法之一。正所谓："不怕对方不上套，就怕对方没爱好。"

摸清情势才行动

古人说："讳莫如深，深则隐。"在复杂的游戏规则中，一个人如果不摸清对方的底细，随时都可能有危险，一不小心，就有可能落入陷阱。因此一定要洞悉对方的情况，并准确地判断其发展趋势，然后才做出决策。

历史上有不少决策者就是由于观察失误、判断不当而遭致兵败国亡的。公元前341年，齐国用孙膑"围魏救赵"之计而解救了赵国，魏国军队进而攻击齐兵。齐国军队又用孙膑"示弱诱敌"之法，第一天挖10万灶，第二天挖5万灶，第三天挖2万灶。魏将庞涓不知是计，误认为齐军三天已逃大半，因而带轻兵紧迫，终在马陵遭齐军伏击，大败而亡。魏军的失败在于将领庞涓的观察失误，判断错误。公元前260年，秦军进攻赵国，赵括率赵军在长平反击秦军，秦军假装败走，赵括不问虚实，贪胜自迫，陷入秦军包围，绝粮46日，突围未成，最终全军覆没，赵括中箭而死。由此可见，作为谋略者，作为一个指挥员，其观察能力是多么重要，观察水平的高低决定谋略是否正确是否高明，决定着事业的兴衰和成败。

世界著名的石油大王约翰·洛克菲勒21岁的时候，只身一人来到宾夕法尼亚州考察石油的生产情况和行情。

当时，宾夕法尼亚的石油才刚开采一年多，而且石油的用途由于技术的局限还并不广泛，只是当作照明用油和工业润滑油。但是，洛克菲勒看到这"黑色的血液"，凭直觉，他认为这东西将来有不可估量的前途，于是他决定在石油领域好好地干上一场。

洛克菲勒来到产油区调查了好几次，他一向认为办事一定要谨慎，等再三了解清楚后才能动手，否则便会失败。他密切地注视着石油的行情，而他的合伙人却早已等得不耐烦了，催促着洛克菲勒马上进行投资。

"现在还为时过早，"洛克菲勒平静地说："他们只知道一个劲儿地抽油，而根本不考虑到市场，照这样下去，不出多久，一定会供大于求，油价一定会跌下去。"

果然不出所料，当时石油需求量很少，但是盲目开采出的石油又太多，这样造成生产过剩，油价一跌再跌。运输也成了石油滞销的一个原因。

这个时候，洛克菲勒了解到产油地正在计划修建铁路，铁路一旦修成通车，运输费自然会减少许多。他觉得时机已经成熟，于是便找克拉克投资原油。克拉克听了，还以为是洛克菲勒发疯了，不管洛克菲勒如何劝说，如何分析时势，克拉克就是不愿意投资。

于是洛克菲勒找到了英国化学家安德鲁斯。安德鲁斯是个从英国移民的化学家，曾经在大不列颠大学做过油母岩研究。洛克菲勒下定决心要从宾夕法尼亚州的石油宝库中搞出精炼油来。在洛克菲勒说服下，安德鲁斯—克拉克石油公司成立了。

洛克菲勒抓紧时机，大批地购进原油，经过加工运输到各地，这样使他的石油生意日益发展起来。

洛克菲勒确定了必胜的信心，因为他知道，石油工业是一个前途非常远大的领域，不管花费多少代价，一定要掌握公司的领导权。对方价码越抬越高，最后洛克菲勒终于以7万多元的价格买下了石油公司。他接着扩充了炼油设备，日产量增至500多桶。那一年，洛克菲勒才刚满26岁，但是他凭着过人的思维和审时度势的眼光建立起了克利夫兰规模最大、销售总额最多的炼油厂。1870年，洛克菲勒将企业改组为股份有限公司，即俄亥俄美孚石油公司。到1879年，美孚石油公司已控制了美国炼油生产能力的80％，另外还控制着与铁路相连接的输油管，操纵着铁路运价。从此确立了美孚石油公司在美国石油工业中的垄断地位。

19世纪末，洛克菲勒感到金融业的重要性，首先在纽约花旗银行进行投资，把它变成了美孚系统的金融调度中心。20世纪20年代，洛克菲勒石油事业的进一步发展要求有更强大的金融支柱。1934年，波士顿第一国民银行和大通银行所属的投资银行实现了合并，成立了独立的投资银行——大通国民银行，其实权操纵在洛克菲勒手里。这样，就形成了以大通国民银行为核心的洛克菲勒金融网，使洛克菲勒的石油业和其他企业获得了强有力的金融后台。

洛克菲勒财团在大力扩张石油势力的同时，还把它的触角伸向国民经济各个部门，加紧向其他财团、其他行业渗透，以进一步扩张势力范围，获取更多的利润。

战后，洛克菲勒财团随着自身实力急剧增长，不断把它的势力伸向其他财团，洛克菲勒财团的影响力空前提高。这与洛克菲勒摸清情势、掌握规律的眼光和能力是分不开的。

人生感悟

观察能力的高低能决定事业的兴衰成败。

凡事预则立，不预则废

什么事要想做得恰到好处，准确无误，再也没有比事先做好准备更为重要的了。事先谋则昌，事后谋则殆。因此，未雨绸缪，是做事顺利的一个有利前提。

清太祖康熙，以幼小的年龄继承皇位，政事都由大臣鳌拜决定，鳌拜因此便肆意作威作福，权倾朝野。由于清朝当时入关不久，国家基础还未巩固，瞬息之间举兵叛乱，这是很可能的事情，所以王公大臣对鳌拜的所作所为隐忍而不敢发。

这时康熙帝刚刚八岁，鳌拜根本不把小皇帝放在眼里。康熙帝对国家的政事，也毫不经心留意，每天都居住在深宫，选80名强有力的小太监，令他们以摔跤格斗作为游戏。鳌拜有时进来奏事，康熙帝照样领着他们嬉笑玩耍，鳌拜以为这是康熙出于童心，年幼贪玩，不但坦然不疑，反而更加轻视和玩弄康熙。康熙帝在小太监功夫练成之后，当鳌拜再入宫时，便命令以摔跤为戏的小太监，出其不意地捉住鳌拜，公布罪行，立即处死，鳌拜党羽竟然毫无准备，手足无措。这是因为康熙帝发觉鳌拜将有谋逆之心，如在朝中声张出去，不免会激起事变，于是故意借摔跤之戏麻痹鳌拜，使这个权臣毫无察觉，束手就擒。

任何事情，如果有了预测，先做好了准备，就可以成功，没有准备就要失败。这话阐明了"不打无准备之仗"的道理。启发人们凡事要有预见性、计划性，要做好充分的准备，这样才能达到预定的目的，收到预期的效果。预测事物的发展对于任何人来说显得非常重要，美国著名历史学家布鲁斯·卡顿在谈到预测艺术对一个领导者作用时评说林肯总统道："对此人说来，有的时期天空会接触不到地平线，而他却看得天际之外正在移动的物体。"

在司法断案过程中，类似缜密策划这种事先的准备，更是"断案如神"的必要前提。

于成龙任黄州知府时，有个姓张的强盗，在湖北闻名全省。这个强盗在家乡筑起高墙大院，连官府的一些差役都投靠他为生。于成龙听说后，决定亲自前去捉拿归案，但恐动作稍有迟缓，证据不足，既难以捉拿，又难以定罪。于是行至途中，于成龙换上布衣，化名杨二，投奔到张家当上了仆役。于成龙在张家负责打扫庭院，清理内务，他处处勤快谨慎，深得张某人的喜爱和信任，以至超出所有其他强盗，成为张的心腹。不久，于成龙完全掌握了张某人同伙的姓名，藏匿抢劫物品的箱柜以及各种机密暗语等等，便逃出张家。

返回官衙之后，于成龙立即召集捕快，叫他们跟随自己前去捉拿强盗，并命令他们准备仪仗兵器。大队人马整齐前进，直达张家大院，于成龙威风凛凛站在院内，众差役排列两厢，然后高呼"强盗出来!"张某人十分惊愕地出来迎拜，还想要抵赖。于成龙大声喝道："你抬头看看我是谁?我是杨二!"至此张某人伏在地上，只求免死。于成龙从袖中取出几十个大的案件扔在张的面前："你把这些案子破了，就足以赎罪。"张某连连叩头，表示愿意承办。张的妻子儿女也全跪在于成龙的周围，请求说："只要叫他不死，没有办不成的，我们一定听从大人的命令，照您的吩咐去做。"于

成龙留下一些差役，帮助张某人，不几天，所有强盗全被捕获。

于成龙破案成功，也在于他缜密的前期准备工作。没有这些准备，他也是很难破获这些案件的。我们做任何事情，都绝不可打无准备之仗。

有准备，就容易抓住先机，就意味着成功在即，事半功倍。

台湾某报记者受命采访大陆著名国画家李可染。

当他兴冲冲地来到李可染的寓所时，方知李可染已经"乘鹤西去"。因某种原因，李公辞世的消息尚不为人知。

这位记者探得这一情况后，心中怦然一动，马上赶往荣宝斋等书画名店后。一见大喜，李公绝笔书画仍原价挂在那里。

记者马上电告亲属，倾全家之力，把大笔款项电汇北京，把李可染生前寄售的书画尽数买下。

一月之后，港台以及海外人士才知李公仙逝。待他们纷纷赶到北京，欲购李可染生前亲笔书画时，李公绝笔墨宝早已不见。

而购得李可染书画的这位台湾记者，一念之间就成了巨富。

记得小学学过一篇课文，讲的是寒号鸟的故事。

悬崖边上住着燕子、海鸥和寒号鸟。寒冷的天气就要来了，燕子、海鸥都忙着衔泥垒窝。

可寒号鸟一点也不想动。它说："这不是住得挺舒服吗？忙着垒窝于什么呢？冬天还很远呢？趁这得意的日子好好享受个够。"

大风雨终于来了，接着又下了大雪，气温一下子降到了零下。晚上，空荡荡的巢穴一点暖意也没有，寒号鸟把身子缩了又缩，冻得直打哆嗦。它说："哆罗罗，哆罗罗，寒风冻死我，明天就垒窝。"

可是，第二天天晴了，太阳出来给大地带来了温暖，寒号鸟在太阳光下又睡起了大觉，忘记了昨天夜里的寒冷，把他自己下的决心抛得一干二净。

寒流又来了，寒号鸟照样如此。最后，寒号鸟被冻死了。

寒号鸟虽然后来意识到必须筑窝，但就因为懒得去做，没有"筑巢"，而导致冻死，实在可悲！

天渐渐凉了，本该见微知著，未雨绸缪。然而，该做的不去做，导致了不可挽回的后果，这也是"不及"的危害啊！对事情，只看一点，不看全部，或说是不懂得它的全部的意义，也可以说是被表面现象所迷惑的另一种情况。

机遇偏爱有准备的头脑。孟子说：君子如有终身的忧虑，就不会有一时的祸患。"人无远虑，必有近忧"，说的就是这个道理。

要把办事的目标定具体

美国潜能大师柏恩·崔希有一句话："成功等于目标，其他的一切都是对这句话的注解。"成功的定义就是"达成预期的目标"。有了目标，我们做事就有了热情，就有了积极性，就有了使命感和成就感。

我们在做事的时候，不能把目标定得太大，否则就不易实现。具体的目标往往比宏观模糊的目标更易实现。

美国汽车巨头福特特别欣赏一个年轻人的才能，他想帮助年轻人实现自己的梦想。

可年轻人的梦想却把福特吓了一大跳：他一生最大的梦想就是赚到1000亿美元——超过福特财产的100倍！

福特问他："你有了那么多钱以后做什么？"年轻人迟疑了一下说："老实说，我只觉得那才称得上是成功，至于做什么，我也不大清楚。"福特说："一个人果真拥有那么多钱，将会威胁整个世界。我看你还是先别考虑这件事了吧。"之后长达5年的时间里，福特拒绝见这个年轻人。直到有一天年轻人告诉福特他想创办一所大学，他已经有了10万美元，还缺10万，福特这时才开始帮助他。他们也再没有提起过1000亿美元的事。

经过8年的努力，年轻人成功了，他就是著名的伊利诺伊大学的创始人——本·伊利诺伊。

制定目标时要先给自己定位，适合自己的具体目标才更好实现。年轻人起初不切实际的目标差点把福特吓倒，而当他制定了具体而可行的目标后，为之努力了几年便实现了。

设定了具体的目标才有利于针对具体的目标去努力，这样，就使追求目标的行动更直接、更明确。

办事要考虑对方的身份

毛泽东曾说过："射箭要看靶子，弹琴要看听众，写文章、做演说反倒可以不看读者，不看听众吗？"办事也是如此，至少要分析对方的几种状况：即心理、性别、年龄、文化、职位等，如果不看对象，不分青红皂白，就难免会冒犯人家，从而事与愿违。

1992年，美国总统候选人克林顿就采取了掂着对方身份办事的方法，成功战胜了老对手布什，而一举夺取了总统宝座。当时，从外部形象看，年仅46岁的高大、英俊的克林顿当然比年纪老迈的布什占有很大的优势，但布什是一个很难对付的对手，是一个老牌政客，在从政经验的丰富与外交成就的显赫这两个方面，克林顿无法同他相比。故而克林顿在三次电视辩论中决定采用以柔克刚的办法，不咄咄逼人，不进行人身攻击，要在广大听众面前展示出一个沉着稳重，从容大度的形象。在1992年10月15日第二次电视辩论中，辩论现场只设一个主持人，候选人前面都没有讲桌，只有一张高椅子可坐，克林顿为了表示他对广大电视观众的尊敬，一直没有坐，并且在辩论中减少了对布什的攻击，把重点放在讲述自己任阿肯色州州长12年间所取得的政绩上。克林顿的这种以柔克刚、彬彬有礼的做法，立即赢得了广大电视观众的好感。

最后一次电视辩论中，克林顿英俊潇洒的姿态，敏捷的论辩与幽默机智的谈吐使他大出风头。他在对布什的责难进行了有效的反驳以后，很得体地对广大电视观众说："我既尊敬布什先生在白宫期间的为国操劳，又希望选民能鼓起勇气，敢于更新，接受更佳人选。"话音刚落，掌声雷动。

掂着身份办事不仅是一个办事的规律，更是一个人才智、能力的体现，对办事成功有很大的益处。

办事要不失时机

自己的事当然顶数自己最在意。聪明的人对每一个有利的机会都不会放过。把一个个机会连缀起来，就是一条环环相扣的成功之路。

比如，北伐战争时期，蒋介石为了打动宋美龄的芳心，便抓住了有利的时机。

北伐进军前夕，国民党中央执行委员会任命蒋介石为北伐军最高统帅，并将军、政、民、财各机关统统交给他指挥。1926年7月中旬，北伐军攻下长沙。9月，占领汉口，国民政府从广州迁到武汉办公。11月，南昌被攻克，北伐军乘胜追击，又在杭州击败孙传芳的部队，蒋介石发出向南京进攻的作战命令。

这时，宋美龄接到一封电报：

上海美龄小姐芳鉴：请做好准备。3月底接你到南京观光，专列迎候。

蒋中正启

2月25日

北伐军的节节胜利，蒋介石的辉煌战绩早已使倾心于权势的宋美龄芳心萌动，这封电报，更投合了她的心情。但她又觉得这个骄气十足的野心家未必太嚣张了。南京是孙传芳的大本营，有30万大军把守，固若金汤，他蒋介石的7万人马一个月就能攻下？

然而，北伐军没用1个月的时间，3月24日，就攻下了南京!第2日又占领了上海!

蒋介石乘着军用专列，来接宋美龄到南京观光。

心高气傲的宋小姐终于拜倒在昔日"宁波乡下佬"、今日"中国的拿破仑”的马靴下……

为了达到与宋美龄结合的目的，蒋介石在桂系李宗仁和第1军何应钦的"逼宫"下，于1927年8月13日，采取以退为进的手段，宣布下野，返回奉化老家。这一次，他斩断了系着他和毛福梅的婚姻红线。

刚刚处理完这件事，蒋介石就接到了宋美龄告知即将旅日的信件。随即，宋美龄收到一封热辣辣的求爱信：

"余今无意政治活动，唯念生平倾慕之人，厥唯女士。前在粤时，曾使人向令兄姊处增意，均未得要领，当时或因政治关系，顾余今退而为山野之人矣，举世所弃，万念从绝，囊日之面对战疆，叱咤自喜，迄今思之，所谓功业，宛如幻梦。独对女士才华容德，恋恋终不能忘。使不知此举世所弃之下野武人，女士视之，渭如何耳？"

宋美龄只感到热血上涌，心怦怦乱跳，头晕目眩了。

9月16日，上海西爱盛西路宋蔼龄家里热闹非凡，记者招待会正在这里举行。宋蔼龄向记者和摄影师介绍了蒋介石和宋美龄，并宣布"蒋将军将同我小妹喜结伉俪"。于是镁光灯闪个不停，第二天，世界许多报纸都刊出了蒋宋携手并肩的照片，并配文说，蒋介石与孙夫人之妹即将婚配。《纽约时报》驻上海记者米塞尔维茨还报道说，一名英国裁缝正在为蒋介石赶制正式礼服。

全世界都知道了宋家小妹将要与蒋总司令结婚的消息，唯独潜心《圣经》的宋老夫人蒙在鼓里。她还以为一直待在她身边，即将随她旅日的女儿攥在她手里呢。

宋美龄和母亲在日本住在西部的长崎。但刚刚安稳下来，宋老夫人就从新闻中获悉，蒋介石也抵达了长崎。出于本能的反应，她认为蒋介石此行是向她请允娶美龄为妻。她十分懊恼。为了避开蒋介石的纠缠，她强行带着宋美龄横穿日本国土，来到东部的神户，住进有马大旅社。刚刚落脚，儿子宋子文来了，老夫人惊喜不已，又大感困惑。

"阿妈，我是来帮蒋先生做媒的。"宋子文倒挺实在，实打实地对母亲说出自己此行的实情。

阿妈一听就不高兴了。可儿子劝说母亲，宋家和蒋联姻，无论对大大霭龄，他本人，还是小妹，尤其对小妹，都将有百利而无一弊。另外，小

妹也已是 28 岁的老姑娘了……

宋老夫人没想儿子、女儿中通一气来哄骗她，心里产生了被愚弄的感觉。但事已至此，还是女儿的终身大事重要。宋子文最后一句话，令她心儿怦然一动，是呀，美龄已是待字闺中的老姑娘了！

她沉吟良久，告诉儿子："我后天单独见见这个蒋介石。让他尽快赶来。"

10 月 3 日，一直拒绝接见蒋介石的宋老夫人在神户有马大旅社的下榻处接待了蒋介石，结果，同意了他的求婚。有关这次求婚的过程，上海《晨报》这样报导：

蒋介石于十月三日来晤太夫人，事先蒋系先致电，得太夫人的允可者。相晤时，太夫人正在宣中研究新约圣经，盖太夫人系一极诚笃之基督教徒也。既见蒋，勉蒋为使徒保罗。蒋告太夫人，谓对基督之道，近日亦有信仰，并乞婚焉。时太夫人以蒋对子联姻之乎续，既一一办妥，毫无其他问题杂处其间，遂允其请，许以女美龄妻之。

第二天，蒋介石给宋老夫人送去给宋美龄的订婚戒指。

1927 年 11 月 10 日，蒋介石偕未婚妻宋美龄踌躇满志地返回中国。

12 月 1 日，蒋宋举行了轰动中外的结婚典礼。

1928 年 1 月 9 日，蒋介石通电宣布复职。

夫贵妻荣，宋美龄在结婚后第 40 天，成为了中国的"第一夫人"。

1928 年 1 月初，蒋介石由上海回南京"主持大计"，并且复任国民革命军总司令兼军事委员会主席。随即，宋子文被蒋介石任命为南京国民政府财政部长之职。

人生感悟

"机不可失，时不再来。"只要你抓住了时机，就能办成事。

让对方知道你与他的利益是一致的

有这么一个寓言。天鹅、乌龟、小虾拉一辆车。天鹅拼命往天上飞，乌

龟拼命往岸上拽，小虾拼命往水里拉，可车子却一动不动。因为它们拉车的目标没有取得一致。目标不统一，方向不统一，其结果自然是徒劳无功的。

这则寓言告诉我们一个道理，只有相同的利益，相同的目标，才能使各方达成共识，并为之努力。

在交友办事过程中，如果让对方知道你和他有着共同的利益，双方必须结成利益同盟，才能取得共同的利益，那事情自然就好办多了。

利益的相通性、同一性和互补性是建立在团结一致、同心协力的基础上的。只有这样，才能求得一荣俱荣，避免一损俱损的结果。

战国时代后期，经过商鞅变法后的秦国逐渐强大起来，成为七雄中实力最强的国家，齐、楚、燕、韩、赵、魏六国均无力单独抗击强秦的侵略。为了与强大的秦国对抗，保障弱小国家的利益，六国联合，势在必行。当时，谋士公孙衍首先提出"五国相王"合作抗秦的策略，后来，东周洛阳人苏秦极力推行这一策略，他周游列国，游说诸侯各国合纵抗强，终使六国联合起来延续百年之久，令秦国不敢轻易向六国中的任何一国下手。

公元前314年，苏秦先到燕国，向燕文王指出，自己的国家与燕国有着共同的敌人、共同的利益，在强大的秦国面前，各个小国好比风中的蜡烛，只有大家联合起来，才能保护各国的利益不受侵犯。他劝说燕文王应与近在百里的赵国联合，以防千里之外的强秦。

燕文王接受了苏秦的建议之后，苏秦又来到赵国，向赵王指出了大家的共同利益。他说："秦国进攻赵国，是因为顾虑韩、魏二国袭其后方。如果秦国先打败韩、魏，再举兵攻赵，那么赵国的灾难就到来了。"苏秦还向赵王指出：六国之地五倍于秦，六国之兵十倍于秦，如果为了共同的利益，能够合六为一，同心同德，必定能打败秦国。因此，他希望赵王邀请韩、齐、楚、燕等国国君进行谈判，共商六国联合抗秦大业，这样，秦国就不敢进攻六国中的任何一国了。

在整个游说过程中，苏秦抓住了各国都要维护自己的利益，秦国是他们的共同敌人这一主线，讲明六国有着共同的利益关系，合则可以抗强，分则有被秦国各个击破的危险，因此，同舟共济，联合抗秦，才是保护自己国家利益不被分割的唯一选择。

让对方知道你与他有着共同的利益，对方才会竭尽全力去做。在这个世界上，没有人为了维护自己的利益而不去努力的。

妙用激将引大鱼

人们生活在社会上，处在各种复杂的矛盾关系中，一个人如何考虑问题完全由自己的是非判断和情感好恶决定的。只要你事先了解对方的情感好恶和是非标准，只要你知道了对方处在社会关系网络中的哪一个点上，你就可以根据社会平衡关系，机动灵活地激发对方产生某种情感倾向和心理倾向，然后促使他按照这种倾向做出有利于自己的决策。这种办事方法就是世人常用的激将上钩法。戳到对方痛处能激发对方办事的巨大力量。228年，刘备被曹操打得落花流水，逃至樊口，势单力孤，继续与曹军对抗完全没有前途可言，除与盘踞江东的孙权联手以外已别无他计。

刘备身边能胜此任的唯有诸葛孔明，他自荐过江，求取吴国出兵抗曹。后来他终于说动孙权，成功完成联吴拒曹的使命，以至造成三国鼎立之势。

诸葛亮是如何说动孙权的呢？此时的孙权是一个16岁的青年将军，血气方刚，自尊心强得很。孔明就是利用孙权这个弱点，用言语刺激孙权的自尊心，使他的意志按照自己所期待的方向转化。

诸葛亮见到孙权先说这样一番话："如今天下大乱，将军在江东举兵，刘备在江南集结，目的都在与曹操争夺大下。眼下曹军势如破竹，威震天下，空有英雄气概对他是无可奈何的。加上刘备之军渐渐败退，将军您宜早做应对，好生斟酌才对。如果贵国的军力能够与曹操对抗，就即与他断交；如果无力与其对抗，那干脆就迅速解除武装、俯首投降算了。可依我看来。将军似乎在表面上要服从曹操，其实内心里很是犹豫不决。目前，形势已很急迫。没有多少时间让您犹豫了，希望马上定下主意，否则后果不堪设想。"

孙权愣了一下，反问道："照你说的形势如此严峻，刘备怎么不赶快投

孔明回答说："君差矣。齐国壮士田横您该知道，他在道义上不能投靠汉高祖，宁可自己结束自己的生命。而刘备是汉室后裔，具有英雄资质。目前虽然困顿，仍有八方壮士慕其英名，源源而来投奔。起兵抗曹，天之所命，至于事成不成，只有靠天命决定。岂可向曹贼投降呢？"

孙权听后大叫一声："我拥有吴国十万人大军，承父兄之业，更岂可轻易言降？"

孙权虽然大叫不降，其实内心也很不踏实，又向孔明问道："现在这种情况，除了刘备之外再找不到能与曹操作战的军队，可刘备最近连吃败仗，不知是否有军力与其再战？"

孔明早有准备，冷静地给孙权分析形势，打消了他的不安。孔明说："刘备确实吃了败仗。但现在军力不少于一万。而曹操之军虽众，但长途远征疲惫不堪。这一次为了追击我们，曹军的骑兵一昼夜竟跑了三百里，这好像古人说的，再有力的弓箭射的距离过远，就连一张薄的布也无法穿过。再者，曹军北兵不惯水战，我方占有地利；荆州之民虽然表面上服从曹操，内心却是时时准备反抗。如果将军集精兵猛将与刘备之军配合，联手作战，一定会击败曹军。天时地利俱在，剩下的只看将军您的决断能力了。"

孔明这一番分析，指出强敌的短处，强调刘、吴潜在的长处，最后把事情成败的关键又推给了孙权自己，可谓步步高棋，招招妙算，使原本主意不定的孙权断下决心，联军抗曹，以至后来发和了三国的时代最大的决战——"赤壁之战"。

人生感悟

激，确切地说，就是要从道义的角度去激对方，让对方感到不再是我不愿意去干，而是应该必须去干。

成事之道在于"磨"

"磨"不是要无赖，可以是一种静静的礼貌的等待。不要让对方感到你是故意找麻烦，故意影响他的工作和休息。要尽量通情达理，尽量减少对对方的干扰，这样，才能磨成功。磨可以不露锋芒，不提要办的事，只是不间断地接近对方，使双方关系渐近，让对方更多地了解你，同情你，从而产生帮助你的愿望。也就是说，你想办法与对方接近或与对方家人接近，并通过各种办法与他们搞好关系，从感情上贴近。这种感情上的磨，对方是难以拒绝的。

有些领导喜欢让人磨，不愿轻易同意任何事情。你磨他，使他从精神上得到一种满足，即权力欲得到满足。在这种情况下必须去磨，怕苦怕麻烦，存有虚荣心反会被对方见笑，他会说："本来他再来一次我就同意了，可是他没来。"

一、好事多磨

香港华人首富李嘉诚就是一位懂得"好事多磨"，并善于运用"磨"来求人办事的智者。

李嘉诚兴建人型屋村独树一帜，使其在香港房地产界开始站稳脚跟。但这里有一个问题，也是最关键的困难，就是获得整幅的大面积地皮。

为此，李嘉诚胸怀全局，动了不少脑筋。

1985年，李嘉诚收购港灯公司，港灯的一家发电厂位于港岛南岸。与之毗邻的是蚬壳石油公司油库，蚬壳另有一座油库在新界观塘茶果岭。李嘉诚于是煞费苦心地开始了一连串复杂的迁址换地计划。

1986年年底，和黄与太古各占一半股权的联合船坞公司，与蚬壳公司达成协议：将青衣岛的一幅庞大油库地皮，与蚬壳在茶果岭和鸭洲的两个油库地皮交换。同时，港灯的这个电厂也迁往南丫岛。

这样，李嘉诚就腾出两幅整块的可供发展大型屋村的地皮。

1988年1月，李嘉诚全系长实、和黄、港灯、嘉宏4公司，向联合船坞公司购入茶果岭、鸭洲油库，即宣布兴建两座大型屋村，并以8亿港元收购太古在该项计划中所占的权益。这样，两大屋村地皮归长实系全资拥有。

茶果岭屋村定名为丽港城，鸭洲屋村定名为海怡半岛。两大屋村盈利100多亿港元。两大屋村的构想萌动于1978年李嘉诚着手收购和黄之时。之后，经历了长达10年的耐心等待、精心筹划，其间1985年收购港灯，使其构想向前迈了一大步，1988年才推出计划。

李嘉诚是名副其实的"十年磨一剑"，因为，李嘉诚深知，成大事者，不可操之过急，而应有足够的耐心等待机会和创造机会。一旦选定了目标，同样又无法很快达到，这时就不能心急，应像"熬"中药一样，文火慢攻，

一点一点地把中药里的精华熬出来。

李嘉诚推出嘉湖山庄计划，同样整整历经了10年。

嘉湖山庄原名天水围屋村。1978年，长实与会德丰洋行联合购得天水围的土地。1979年下半年，中资华润集团等购得其大部分股权，共组巍城公司开发大水围。华润占51％的公司股权，长实只占12．5％。华润雄心勃勃，计划在15年内建成一座可容50万人口的新城市。李嘉诚当时正忙于收购和黄，未参与天水围的策划。

整个开发计划，由华润主持。华润缺乏地产发展经验，亦不懂香港游戏规则。港府介入使华润的庞大计划胎死腹中。华润骑虎难下，其他股东纷纷欲打退堂鼓。

李嘉诚则看好天水围的前景。他稳坐钓鱼台，不慌不忙逐年以低价从其他股东手上接过他们急待抛出的"垃圾"股票。经过10年马拉松式的吸股，到1988年，李嘉诚控得除华润外的49％股权，成为与华润并列的仅有两家的股东之一。有人估计，李嘉诚与华润事先达成默契，故丧失信心的华润没有抛股。1988年12月，长实与华润签订协议，长实保证在天水围发展中，华润可获纯利7．52亿港元，并即付其中的3／4—5．64亿港元给华润。

如将来楼宇售价超过协议范围，其超额盈利由长实与华润共享，华润占51％。今后天水围发展计划及销售工作均由长实负责，费用由长实支付，在收入中扣回。

风险全部由长实负担，华润坐收渔利。当然，风险大，盈利也大。全部工程分7期到1995年完成，至今仍是香港最大的私人屋村。仅仅第一期售楼，华润就已赢得协议范围中的7．52亿港元利润。以后6期，华润等于"额外"所得，而长实的利润，远在华润之上，更是不可斗量。

由此足见李嘉诚"磨"功之老到。

二、能人善磨

磨功，也是一种韧劲儿，一种谋略。在办事中，谁磨的功夫高，可能谁就是胜者。

罗斯福很早以前就想请巴鲁赫出来做官，但巴鲁赫未予应诺。1943年2月5日，罗斯福派物价管理署署长詹姆斯·伯恩斯去见巴鲁赫，并带去了一封信，请他但任战时生产署署长，主管全部战时生产事宜。

第二天，巴鲁赫决定应聘。然而，他突然得了病，起先医生认为可能

是癌，但三天后证明不是癌，于是巴鲁赫连忙赶赴白宫向总统报到。

在总统候客室里，巴鲁赫听说总统忽然改变了主意。他正要发作，总统的秘书已在门口说，总统请巴鲁赫先生。

罗斯福见到巴鲁赫后，压根不提聘任之事。他滔滔不绝地说："伯尼，你知道白宫有鬼吗？女佣梅姬说她确实在我的寝室内见到过鬼，而且她肯定这个鬼即是林肯总统。

我个人倒没有在白宫见过鬼，但我的确在白宫见过许多笑话。最奇怪的是去年国庆节，我在白宫举办招待会，我坐在轮椅上，各国使节挽着自己的夫人鱼贯式的列队上前同我握手。

队伍缓缓前进，忽然见到一位大使夫人裙子下静悄悄地滑下一个粉红色的东西，啊，原来是夫人的内裤松紧带断了，内裤从大腿一直滑到脚尖。更奇的是，那位夫人却若无其事，轻轻地把两脚从内裤中跨了出来继续前进。

我们那位黑人侍者乔治也很有趣，他见状，就托了一个空盘，走到那内裤面前，拣起内裤，往空盘内一丢，好像是收餐巾一样。我们大家都佩服乔治对此事的处理……"

巴鲁赫由克制怒火地听直到忘神地听，慢慢地，满腔怒火都烟消云散了。

罗斯福以讲故事的办法"磨"去了巴鲁赫的怒气，终于使问题得到圆满解决。

人生感悟

事实证明，生活中的很多事，不是等来的，不是急来的，而是磨来的。

掌握迂回办事法

办一件事，不能一条道走到黑，如果直接办不成的话，不妨转个弯儿，迂回达到既定目标。实际上，办任何事都很难做到心想事成，总会面临许多障碍，一味地固执，会碰得头破血流，而采取迂回之术，情况就会有所改观。

迂，是曲折、绕弯的意思。在与强劲的办事对手交锋时，迂回的手段

高明、精到与否，往往是能否在较短的时间内由被动转为主动的关键。

某种情况下，表面上看来走的是迂回曲折的道路，而实际上却能更有效、更迅速地获取成功。

战国时，齐景公的一匹心爱的马突然死去，齐景公非常伤心，一定要杀掉马夫以解心头之恨。众位大臣一起劝阻齐景公不可为一匹马而滥动刑罚，而齐景公却已铁定了心，众人的劝告充耳不闻。

这时，相国晏婴走了出来，众臣都以为晏婴也有劝诫齐景公的意思，谁也没有料到，晏婴却明确地表态说："这个可恶的马夫，该杀！"

齐景公十分高兴，就把那个含冤的马夫喊来，听晏婴数说他的罪过。

晏婴历数马夫的三大罪状："你不认真饲马，让马突然死去，这是第一条死罪；你让马突然死去，却又惹恼君主使君主不得不处死你，这是第二条死罪。"

听晏婴痛说马夫的前两条死罪，齐景公心中是乐滋滋的。可晏婴话锋一转，说出了马夫的第三条罪状："你触怒国君因一匹马杀死你，使天下人知道我们的国君爱马胜于爱人。因此天下人都会看不起我们的国家，这更是死罪中的死罪，罪不可赦！"

听晏婴诉说马夫的第三条罪状，齐景公开始还连连点头微笑。当晏婴说到"使天下人知道我们的国君爱马胜于爱人"时，他张开的嘴定在那里，脸上的表情也一阵红一阵白的。晏婴又吆喝一声："来人，按大王的意思将马夫推出去斩了！"这时齐景公如梦初醒，赶紧对晏婴说道："相国息怒，寡人知错了。"

晏婴没有正面批评齐景公，却达到了劝谏救人的目的。由此可见，绕路攻关通常能取得很好的效果。在这样的场合，一方面，该说的话不能不说，根本利益不能牺牲，原则不可放弃；另一方面，关系又不可弄僵，彼此的面子与和气不能伤害。所以，这就需要首先承认对方的实力、地位、权威，甚至他的道理，然后巧妙转到正题，话虽好听，但实际上却是对对手彻底的否定，达到了自己的目的。

办事的时候多一点心机，懂得变通，懂得绕路攻关的人，都是聪明人。他们总能独具慧眼，找到新的办事道路，让自己办事成功。

世界是变化的，人也不能固守着自己的思维而不求突破。在必要时要善于改变，而不能一味地用直接的方法办事。绕路攻关，是办事的一种切实可行的方法。

青春励志

做事
——用专注为成功铺路

社会上流传着这样一句话："忍一时，风平浪静；退一步，海阔天空。"这句话道破了迂回办事的真谛！俗语说："宰相肚里能撑船"，也是告诫人们办事要以迂代直。

活用攻心法

三国时，曹操利用徐庶孝敬母亲的弱点，设计将他弄到自己身边。然而，他并没有真正赢得徐庶的心，得到的只是一个对他离心离德、一言不发的"废才"。

刘备三顾茅庐，均遭到诸葛亮的怠慢，因为诸葛亮想以此考察刘备有无招贤纳士的诚意和虚怀若谷的美德。当刘备心志专一，谦恭下士的品德深深打动了诸葛亮的心之后，这位隐居山野的"卧龙"先生，便欣然接受了刘备的邀请，出山助他振兴汉室。

上述两则古代用人故事，从正反两个方面说明了攻心谋略在办事中所起的重要作用。

某电力公司的推销员老李，他曾到农村去推销用电。走到一家阔气的人家，户主是个上了年纪的老妇，一见是电力公司推销电的，就把门紧闭了。老李一看事情不妙，便说："很抱歉，打扰您了，我知道您对用电不感兴趣。所以，我这次来不是做生意的而是买鸡蛋的。"老人消除了疑虑，便把门打开一些，探出头来将信将疑地望着。老李又继续说道："我看见你喂的这种鸡很漂亮，想买一些新鲜的鸡蛋回家。"

听到他这么说，老人家把门开得更大一些，并问道："你为什么不买别人家的鸡蛋？"老李充满诚意地说："因为别人家的鸡蛋是白色的，做蛋糕不合适，我的太太就让步我来买些棕色的蛋。"

这时候，老妇人走出门口，态度很温和地跟老李聊起了鸡蛋的事。但老李这时便指着院子里的牛棚说："老太太，我敢打赌，你丈夫养的牛赶不

上您养鸡赚得钱多。"

老妇人被说乐了。是的，多少年来，她丈夫总不承认这个事实。于是她将老李视为知己，带他到鸡舍参观。老李是个甜嘴，说的话句句入耳，并说，如果能用电灯照射，产的蛋会更多，老妇人好像忘记了刚才的事，反而问老李用电是否合算。当然，她得到了完满的解答。两个星期后，老李在公司收到了老太太交来的用电申请书。

试想，假如老李一开口就推销用电，老妇人肯定不会接受。而推销员老李，采取了曲线表达，用买鸡蛋的托辞，打开老妇人的心扉，然后以拉家常的方式，说一些恭维的话，自然地扯到了用电的问题，说明用电灯照射，产的蛋会更多。这就博得了老妇人的信任，自动递上了用电申请书。

人生感悟

站到别人的角度看问题是你成功的第一步。

给对方甜头尝一尝

中国人常说"吃人家嘴短"。一旦接受了人家的好处，占了人家的便宜，再拒绝起人家的请求来，就不那么好意思了。中国人重人情，讲面子。"滴水之恩必当涌泉相报"，聪明人运用这一方法，几乎百试不爽。

清代著名书画家"扬州八怪"的代表人物郑板桥就曾被这种糖衣炮弹打中，吃了一次哑巴亏。

郑板桥擅长画竹、兰、行、菊，字写得也棒。他那幅："难得糊涂"的复制品，今天大街小巷仍随处可见，当时，慕名上门来求他字画的人不少，郑板桥也不客气，写了一张长价格表贴在大门上，上面写道：

"大幅六两，中幅四两，小幅二两，条幅对联一两，扇子斗方五钱。"

明码标价，颇为痛快直爽。

不过，郑板桥恃才傲物，鄙视权贵，一些达官显贵想索求书画，哪怕排着装满银子的车来，也被拒之门外。

有位大富豪新盖了幢别墅，豪华富丽，但就是缺少点斯文气息。有人建议，何不弄两幅郑板桥的字画，往客厅里一挂，岂不就高雅脱俗了吗？

富豪一听，猛拍大腿，妙！拎着钱箱就往郑板桥家跑。通报后。照例被挡在门外，理由无非是先生外出、不舒服、在练气功等，一连几次都是如此。

后来，大富豪与一位大官朋友闲聊时，偶提此事，大官说："你怎么连郑板桥是什么人都不晓得？别说你啦，我想要他的画，要了好几年，都还没弄到手。"大富豪一听，来了精神，夸下海口道："瞧我的，不出几天，定能弄几幅字画来，上面还要让他写上我的大名。"

于是，大富豪派手下人四处打探郑板桥的生活习惯和各种爱好。

这一天，郑板桥出来散步，忽然听见远处传来悠扬的琴声，曲子甚雅，不觉感到好奇，这附近没听说有什么人会奏琴的呀？于是，循声而来，发现琴声出自一座宅院。院门虚掩，郑板桥推门而入，跟前的情景让他大感惊讶：庭院内修竹叠翠，奇石林立，竹林内一位老者鹤发童颜，银髯飘逸，正在拂琴而鸣。哎呀，这不分明是一幅图吗？

老者看见他，立即戛然而止，郑板桥见自己坏了人家兴致，有点不好意思，老者却毫不在意，热情让他入坐，两人谈诗论琴，颇为投机。

谈兴正浓，突然，传来一股浓烈的狗肉香，郑板桥感到很诧异，但口水已经忍不住要流下来。

一会儿，只见一个仆人捧着一壶酒，还有一大盆烂熟的狗肉，送到他们面前。一见狗肉，郑板桥的眼睛就粘在上面，老者刚说个"请"字，他连故作推辞的客套话都忘掉了，迫不及待地狂喝酒、猛吃肉。

风扫残云般地吃完狗肉，郑板桥这才意识到，连人家尊姓大名还不晓得，就糊里糊涂在人家这里大吃一通。现在酒足饭饱，总不能就这么一甩袖子，就走吧！

然而，又该怎么答谢人家呢？留点银子吧，不仅太俗，而且自己出来散步没带钱呀。于是，他对老者说："今天能与您老邂逅，实在是幸会，感谢热情款待，我无以回报，请您找些纸笔，我画几笔，也算留个纪念吧。"

老者似乎还有点不好意思，连声说："吃顿饭不过是小意思，何必在意！"

郑板桥以为他不稀罕书画，便自夸说："我的字画虽算不上极佳，但还

是可以换些银子的。"

老者这才找来纸笔，郑板桥画完，又问老者的名，老者报了一个，郑板桥觉得耳熟，但又想不起来是怎么回事，还在落款处题上"敬赠某某某"。看看老者满意地笑了，这才告辞离去。

第二天，这几幅字画就挂在大富豪别墅的客厅里，大富豪还请来宾客，共同欣赏。宾客们原以为他是从别处高价购买来的，但一看别字画上有他的大名，这才相信是郑板桥特意为他画的。

消息传开后，郑板桥简直不相信自己的耳朵。他又沿着那天散步的路线去寻找，发现那原来是座无人居住的宅院，这才意识到，自己贪吃狗肉，竟然落入人家的圈套，上当啦。

 人生感悟

"付出总有回报"，前提是要先付出，办事之前要学会先给别人一些甜头，这样成功的概率就会高很多。

随机应变：想出办法后再把事办

开口托人办事毕竟是件难事，但如果掌握了技巧和分寸，难事也就变得容易了。

一、借别人的口说自己的话

西安事变前夕，张学良和杨虎城频繁晤面，都有心对蒋发难。可在对方没亮明态度之前，谁也不敢轻易开口。眼看时间越来越近，双方都是欲说还休。杨虎城下面有个著名的共产党员叫王炳南，张学良也认识。在又一次晤面中，杨虎城便以他投石问路，说道："王炳南是个激进分子，他主张扣留蒋介石！"张学良及时接口道："我看这也不失为一个办法。"于是两个聪明的将军开始商谈行动计划。

渡江战役前夕，国共和谈破裂，国民党政府即将垮台。周恩来力劝国民党和谈代表留在北平共事，代表们也对原政府失去了信任，却不知毛泽

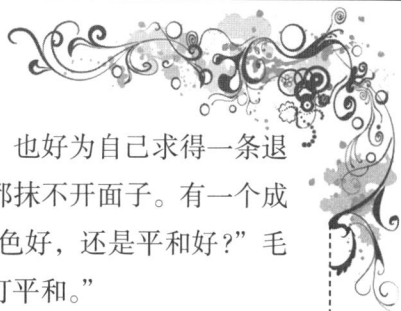

东能不能容忍他们这些异党分子，就想探个究竟，也好为自己求得一条退路。可如果直接相问，就明显有乞降之嫌，大家都抹不开面子。有一个成员趁打麻将之机，轻描淡写地问毛泽东："是清一色好，还是平和好？"毛泽东心领神会，爽快答道："还是平和好，我喜欢打平和。"

就这样，一个重大的信息悄然传了过去，代表们全留了下来。问者自然高明，回答也是不凡。

二、用虚话套实话

做老实人说老实话，应是为人的一条准则，但直炮筒子未必处处受欢迎，特别有时连自己也不明白要说的是不是实话，那该怎么办呢？

张某托好友王局长为自己办件事，忽然听说他被捕"进去了"，又不知真假，就到张家探望。确实只有局长夫人在家，满脸愁容。张某开口道："老王怎么没在家呀？"果然张夫人长叹一声："唉！心脏病又犯了，昨天送进医院了……"

原来如此！如果张某实话询问王局长是否真的被捕了，那场面如何？张某是这样设想的：如果王局长真的被捕了，其夫人自然会实情相告。虚虚实实，转换自如，毫不唐突。

三、用轻松幽默的玩笑话说实事

轻松幽默的话题，往往能引起感情上的愉悦；庄重严肃的话题会使人紧张慎重。只要有可能，最好能把庄重严肃的话题用轻松幽默的形式说出来，这样对方可能更容易接受。

一个年青打工者在一家外资企业打工，在较短的时间内，连续两次提出合理化建议，使生产成本分别下降30%和20%。大鼻子老板非常高兴，对他说："小伙子，好好干，我不会亏待你的。"

这青年当然知道这句话可能意义重大，也可能不值一文。他想要点实在的，便轻松一笑，说："我想你会把这句话放到我的薪水袋里。"洋老板会心一笑，爽快应道："会的，一定会的。"不久他就获得了一个大红包和加薪奖励！

面对老板的鼓励，青年人如果不是这样俏皮，而是坐下来认真严肃地提出加薪要求，并摆出理由若干条，岂不大煞风景，甚至适得其反。

办事无定法，应该审时度势，随机应变。

无事生非，暗施计谋

楚王的妃子郑袖长得美貌，又聪慧机敏，楚王十分宠爱她。

后来魏王赠送楚王一位美女，年轻漂亮，又活泼热情，把楚王给迷住了。

郑袖眼见一天天失宠，心里非常忌妒，但表面上却装得若无其事。不但没有一点怨言，还百般讨好这位新妃。新妃喜欢穿什么衣服，希望用什么东西，郑袖都叫人给她送去；她住处的陈设要怎么布置，郑袖也叫人侍候得顺心如意，可以说处处做到体贴入微、关怀备至。郑袖在楚王面前还经常对新妃表示赞美。

这位新妃没想到遇上这样好的一个老大姐，从心眼里对郑袖表示感激，相互来往十分密切，彼此不分，无话不谈。

楚怀王见郑袖和这位新妃相处得这么和美，心里非常高兴，对郑袖说："你们女人多半凭着自己的美貌和聪明赢得男人的喜欢，而且差不多都有强烈的忌妒心。我看你就不是这样，你能理解我，你知道我喜欢这位新人，就比孝子侍奉父母、忠臣侍奉君王还尽心尽力。"

郑袖听了楚王这番话，相信他绝不会怀疑自己对新妃有什么坏心眼儿了，不由得为自己的作为感到高兴。

一次，郑袖和新妃闲谈的时候，流露说："大王经常在我面前夸奖你，说你能歌善舞，活泼热情，又温柔体贴，只有一点，大王嫌你的鼻子稍尖了点儿。"

新妃听了，有些不安，摸了摸鼻子，问郑袖说："您看这有什么办法吗？"

郑袖就等她问这句话，可还是装着没心没肺的样子说："这有什么大不了的，你以后见到大王时，用手帕把鼻尖轻轻遮一下不就好了吗！"

新妃以为郑袖给她出了个好主意，以后只要见到楚王来就把鼻子遮起来。楚王开始没注意，后来看她每次都这样就感到很奇怪，又不好直接问，就问郑袖："新人近来每次见到我时，为什么总把鼻子遮起来？"郑袖勉强回答："我听她说过，好像……"她故意看了看楚王，吞吞吐吐，欲言又止。

楚王觉察到这里有什么隐情，就追问说："你说吧，你与我夫妇这么多年，还有什么不好说的，即使有什么事，我也不怪罪你。"

郑袖故意装出胆怯的样子，低声说："她说过不愿闻到你身上那种恶心味儿。"楚王一听火冒三丈，怒冲冲地说："什么？我是国王，敢说我身上有恶心味儿！岂有此理。传我的话，立即把那个小贱人的鼻子给我割下来！"

就这样，郑袖把新妃的面容给毁掉了。情敌没有了，郑袖又取得了楚王的独宠。

人生感悟

　　谣言是一把双刃剑，它可杀伤对手，同样也会伤害自己。如果各位朋友记得传说"狼来了"的小孩结局，大概会慎用谣言这把刀。

提出利弊得失，供人选择

不论是求人办事，还是帮人办事，人们都需要选择办还是不办。选择的目的就是为了权衡利弊得失。在权衡的过程中，有的人考虑得比较周全，有的人可能就只考虑某一方面而忽略了另一方面。这时就需要通过分析提出利弊得失，供人选择。

著名人际关系交往家卡耐基曾经历过这样一件事：

他曾租用纽约某家饭店的大舞厅，用来每季度举办一系列的讲课。

在某一季度开始的时候，他突然接到通知，说他必须付出比以前高出3倍的租金。卡耐基得到这个通知的时候，入场券已经印好，并且发出去了，而且所有的通告都已经公布了。

当然，卡耐基不想支付这笔增加的租金，可是跟饭店的人理论是没有什么用的。因此，几天之后，他去见饭店的经理。

"收到你的信，我有点吃惊，"卡耐基说，"但是我根本不怪你。如果我是你，我也可能发出一封类似的信。你身为饭店的经理，有责任尽可能地使收入增加。如果你不这样做，你将会丢掉现在的职位。现在，我们拿出一张纸来，把你因此可能得到的利弊列出来，如果你坚持要增加租金的话。"

然后，卡耐基取出一张纸，在中间划了一条线，一边写着"利"，另一边写着"弊"。

他在"利"这边的下面写下这些字："舞厅空下来"。接着他说："你把舞厅租给别人开舞会或开大会是最划算的，因为像这类的活动，比租给人家当讲课场能增加不少的收入。如果我把你的舞厅占用20个晚上来讲课，你的收入当然就要少一些。

现在，我们来考虑坏的方面。首先，如果你坚持增加租金，你不但不能从我这儿增加收入，反而会减少自己的收入。事实上，你将一点收入也没有，因为我无法支付你所要求的租金，我只好被逼到另外的地方去开这些课。你还有一个损失，这些课程吸引了不少受过教育、修养高的听众到你的饭店来。这对你是一个很好的宣传，不是吗？事实上，如果你花费5000美元在报上登广告的话，也无法像我的这些课程能吸引这么多的人来你的饭店。这对一家饭店来讲，不是价值很大吗？"

卡耐基一面说，一面把这两项坏处写在"弊"的下面，然后把纸递给饭店的经理，说："我希望你好好考虑你可能得到的利弊，然后告诉我你的最后决定。"

第二天卡耐基收到一封信，通知他租金只涨50%，而不是300%。

人生感悟

　　卡耐基没有提出自己的要求，却得到了减租。这是因为卡耐基一直都在谈论对方的要求，以及他如何能得到他所要的。